电工基础
实验教程

◎阚凤龙 主编
◎韩忠华 李凌燕 王长涛 副主编

人民邮电出版社
北京

图书在版编目（CIP）数据

电工基础实验教程 / 阚凤龙 主编. -- 北京 : 人民邮电出版社, 2018.2
普通高等学校电类规划教材
ISBN 978-7-115-47683-8

Ⅰ. ①电… Ⅱ. ①阚… Ⅲ. ①电工技术－实验－高等学校－教材 Ⅳ. ①TM-33

中国版本图书馆CIP数据核字(2018)第001065号

内容提要

本书从实验、实践教学角度出发，满足基本教学需求，同时适应于社会发展需要，并提高学生工程实践能力。本书共分 4 篇，分别介绍了电工学实验基本常识、电工实验、电工安全、常用电工材料。

本书编写注重简单明了，突出实用够用。全书内容深入浅出、实用性强。

本书可作为理工类院校本科、专科及高职的相关专业学生实践环节的指导书，也可作为相关工程技术人员的参考书。

◆ 主　　编　阚凤龙
副 主 编　韩忠华　李凌燕　王长涛
责任编辑　李　召
责任印制　沈　蓉　彭志环

◆ 人民邮电出版社出版发行　　北京市丰台区成寿寺路 11 号
邮编　100164　　电子邮件　315@ptpress.com.cn
网址　http://www.ptpress.com.cn
北京圣夫亚美印刷有限公司印刷

◆ 开本：787×1092　1/16
印张：9　　　　　　2018 年 2 月第 1 版
字数：226 千字　　　2018 年 2 月北京第 1 次印刷

定价：26.00 元

读者服务热线：(010)81055256　印装质量热线：(010)81055316
反盗版热线：(010)81055315

前言

“电工技术实验”是高校非电类理工专业一门重要的技术基础实验课，是学习后续专业课的重要基础。由于电工课程、概念抽象、实践性强、涉及的基础理论较广，它对培养学生的科学思维能力、工程能力，提高学生分析问题和解决问题的能力起着至关重要的作用。

根据教育部“卓越工程师培养计划”的精神，为满足本科相关非电类专业实验能力培养的需要，着力强化基础训练，加深理解课堂知识，提高学生的工程实践能力，我们编写了本书。本书在编写过程中，注重实践教学与理论教学内容紧密结合，大量汲取近年来电工课程教学改革的新成果，突出验证性实验与设计性实验的结合，其中部分实验要求学生自主设计电路、表格和自主处理实验数据，为提升学生理论水平和实践能力做好铺垫。

本书立足于本科应用型人才培养目标，适应于社会发展需要，提高学生工程实践能力。本书在编写过程中，参考了部分院校的教学大纲，以满足基本教学需要和有较宽适应面为出发点，编写了 4 篇内容：第 1 篇电工学实验基本常识，第 2 篇电工实验，第 3 篇电工安全，第 4 篇常用电工材料。

本书由阚凤龙任主编，韩忠华、李凌燕、王长涛任副主编。参加本书编写的还有：许景科、栾方军、王延臣、夏兴华、林硕、王慧丽、张东伟、阚洪亮、毛永明、陈楠、吕九一、刘西洋、李晓莉、宋昊霖。参编的指导教师花费大量时间对实验项目进行了调研和预试，在此谨致以深切的谢意。

本书主审是沈阳建筑大学李孟歆教授对本书提出了不少宝贵的意见和建议，在此表示感谢。

由于编者水平有限，书中不足之处在所难免，敬请广大读者批评指正。

编　者

2018 年 1 月

目录

第1篇 电工学实验基本常识

1.1 电工学实验基本要求

1.1.1 电工技术实验课的目的

“电工技术”是为非电专业开设的一门技术基础课，它面对生产技术实践的直接性决定了电工技术实验课在整个教学过程中的特殊地位。电工技术实验，不仅在于验证某些电工理论，更重要的是在于通过实验手段不断提高学生独立分析和解决实际问题的基本技能。关于这一教学目的，在国家教委颁布的，由电工课程指导委员会编写的《电工课程基本要求》中有非常明确的规定。据此，具体地讲应当达到以下要求。

① 能够正确使用常用的电工仪表、电子仪器和电器设备；

② 能读懂基本的电原理图，了解常用电气、电子元器件，并能组装成实际工作电路；

③ 能对组装的实际工作电路进行分析与故障排除，正确调试与测量；

④ 具有科学、安全用电的基本能力；

⑤ 具有正确归纳实验数据、运用理论科学地分析与指导实践活动的能力，以及严谨的科学态度与实事求是的工作作风。

1.1.2 电工技术实验规则

1. 纪律规则

① 按实验课表规定的时间、地点和编组按时上课，不得旷课、迟到、早退或擅自窜组换课。

② 教师讲解时，要聚精会神地听讲；进行实验时，要专心致志地操作，不能从事与本次实验无关的活动。

③ 实验课的课堂环境应保持文明、安静和整洁，组内研讨问题应当文明低语，严禁喧哗打闹和窜组走动。

④ 未经教师许可，不得随意改变实验内容。

⑤ 必须严格服从指导教师的管理，不准私自查阅教师的随堂记录和加以纠缠。

2. 爱护公物规则

① 应按仪器仪表和电器设备的技术要求精心操作，严禁漫不经心地使实验器具受到挤压、折弯、冲击、震动、反复磨损或随意拆卸及污染等。

② 严禁擅自动用本次实验使用之外的一切设备。

③ 对本次实验发给的元器件、材料或工具应精心使用，结束实验时应仔细清点，如数归还，严禁私自带出。

④ 实验中如发现仪器设备有异常或损坏，实验元件、材料和工具有遗失，应立即向指导教师申报并有义务提供笔录，备案。

⑤ 自觉强化“节约意识”，应千方百计地将实验所耗能源和材料降为最低水平。

3. 安全规则

安全用电常识介绍如下。

实践证明，50 Hz、10 mA 以下的直流电流流经人体不会发生伤亡事故，而当工频（50 Hz）50 mA 以上的交流电流流经人体就会发生危险，危险程度视电流大小和通电时间而定。

人体通电后的反应为：不舒适的感觉，肌肉痉挛，脉搏和呼吸节奏失常，内部组织损伤，直到死亡。

人体电阻大约在八百欧到几百千欧范围内（受表皮状况影响较大）。如按 800Ω 计，设通入危险电流为 50 mA，则人体承受电压为

$$U=IR=0.05\times800=40\ (\text{V})$$

此值可作为“危险电压值”。因此，我国规定“安全电压”通常为 36V，而在危险场所（如潮湿或含腐蚀性气体等环境），则安全电压降为 12V。

人体被电流伤害分两类：

A 电伤：是人体外部被电弧灼伤。

B 电击：是指人体内部因电流刺激而发生人体组织的损伤。

低压（380/220 V）系统中触电伤害主要是电击，而死亡事故也多为电击所致。

通过上述介绍，可以明确：在实验环境下，如果触摸电压高于 40 V 以上的带电物，均可能发生危险；还可以明确：为了防止触电，一是应对可能产生电弧的部位保持恰当距离；二是在任何瞬间，任何情况下均应使自己的身体绝对不应构成电流的通路（如脚踏良好绝缘物、不用双手触摸通电裸导体等）。为加强安全管理，制定如下规则。

① 实验线路的搭接、改装或拆除，均应在可靠断电条件下进行。

② 在电路通电情况下，人体严禁接触电路中不绝缘的金属导线和连接点带电部位,以免触电。万一发生触电事故，应立即切断电源，保证人身安全。

③ 实验中特别是设备刚投入运行时，要随时注意仪器设备的运行情况。如发生有超量程、过热、异味、冒烟、火花等，应立即断电，并请指导老师检查。

④ 了解有关电器设备的规格、性能及使用方法，严格按要求操作。注意仪器仪表的种类、量程和接线方法，保证设备安全。

⑤ 实验时应精力集中，衣服、头发等不要接触电动机及其他可动电器设备，以免发生事故。

⑥ 严禁到他组任意取用物件或乱说乱动。

⑦ 实验结束整理中，首先要先关闭一切设备的电源开关。在整理中，也应精心处置实验所用的一切导体，以免为下一班实验留下隐患。

4. 卫生规则

① 实验室内自觉保持卫生整洁，个人用品应合理放置，对实验台上的灰尘杂物应随时主动清除，严禁乱扔杂物、随地吐痰、抽烟和吃零食。

② 实验结束后，应认真做好整理。要将仪器设备、实验材料与工具、坐凳等整齐地归回原位。

③每次做实验的学生均有清扫教室的义务，参加实验的班级均有课余时间参加实验室大扫除的义务。

1.1.3　实验教学程序

1. 预习要求

（1）预习内容

课前应认真阅读指导书中的《学生必读》和该次实验项目的全部内容，并将所涉及的理论知识复习好。

（2）书写预习报告

应在实验课前按下述要求工整、清楚、整洁地将有关内容写入专门格式的《电工技术实验报告》内。

① 实验目的：可按指导书抄写（或自己加以完整准确的表述）。

② 实验仪器与设备：可按指导书抄写。

③ 实验原理：可按指导书“实验原理”中的相关内容，自己做出逻辑层次清楚、内容完整准确的表述。表述一般要“图文并茂”，即应当完整地画出实验电路示意图，附必要的电路原理图、向量分析图，对某些重要元器件（如集成片），应画出引线示意图。这一环节既要正确地阐明原理，又要便于指导自己参加实验。

④ 实验内容与步骤：可按指导书抄写（或自己加以完整准确地表述）。书写形式上应突出操作步骤的有序性和强调必要的注意事项。

“实验步骤”中的数据表格，应按指导书规定格式画出，注意做必要的“放大”，以便在实验中填写，表内如列有“计算值”栏目，系指就实验电路中所采用的元器件的标称值（即指导书中给定数值）作为电路参数，依据理论公式进行计算的结果。书写预习报告时，应写出理论公式的表达式并进行相应的计算，将计算结果填入表中“计算值”栏目。事先的理论分析与计算，对指导自己正确地实际操作和测试，显然是有益的。

书写预习报告决不是不假思索地抄写指导，而是以实验题目为“技术任务”，根据所学到的基本知识和基本理论，参照指导书给定的格式，为“技术实现”而书写的技术性设计或报告。写出工整简洁的、逻辑严谨的科学技术报告，是工程师必须具备的基本技能。

2. 课堂教学程序

① 学生应准时按规定到实验台前就坐、出示预习报告。

② 教师讲授：实验主讲教师以口头、板书和密切对照实物的方式讲授本次实验的精华（如：线路板结构、仪器仪表使用要领、实验步骤和操作程序以及注意事项）。一般时间长度不超过 30 分钟，这就要求每个学生特别仔细地听取与记录。

③ 学生搭接电路：教师讲授结束后，在断电条件下搭接电路。搭接时应注意体会接线要领且应循序渐进，已搭接的电路应确保其可靠性。事实证明，对电路原理图熟悉的学生，此项工作进行较快。

④ 学生自检：电路搭接完毕，应反复检查（必要时用万用表欧姆挡观察线路接的可靠性）。如确认无误，方可报告教师审查。

⑤ 教师审查：指导教师对学生搭接电路的审查主要着眼两个方面，一是安全用电方面，

即着眼电路不应危及人员安全；二是实验设备与器件方面安全，即着眼电路不应造成器材损失。教师此时不着眼电路搭接是否全面正确，只要确认为上述“两个安全”得以保证，即允许该实验组通电操作。

⑥ 通电操作：学生必须经教师审查电路允许后方可接通电源，否则视为违章。通电后，如发现自己接的电路不能正常工作，应积极思考，立足于自己排除故障，不应当不做任何努力而试图请教师代劳，在实验过程中必须用如下观念来明确师生关系：

学生——实验操作的“主角”

教师——实验操作的“顾问”

实验指导教师在学生进行实验过程中的“指导”职责体现在两方面：一是对“经过努力、仍感到困难”的学生进行启发、引导；二是注意观察并随时考核每个学生的动手能力。由此可见，每个学生必须以“勤于动脑、勤于动手”操作主角的身份投入实验，才能在教师指导下提高解决实验问题的基本技能，这一点与理论课堂上被动听课的身份相比，是一个转化，希望引为注意。

⑦ 结束整理：下课前留 5～10 分钟作为整理时间，应按前述实验室规则要求完成，经教师允许后，方可离开。

1.2 电工测量基础

1.2.1 测量的基本知识

1. 测量的基本概念和常用术语

测量是人类对客观事物取得数量概念的认识过程，是人们认识和改造自然的一种不可缺少的重要手段。在自然界中，对于任何被研究的对象，若要定量地进行评价，必须通过测量来实现。在电工电子技术领域中，正确的测量更为重要。

测量的定义：以确定被测对象的量值为目标而进行的一组操作。

在测量过程中，不可避免地存在着误差，即测量误差客观存在于一切科学实验与工程实践中。在表示测量结果时应将测量结果与误差同时标注出来，说明测量结果的可信赖程度。

测量的常用术语如下。

① 量值：由数值（大小及符号）与相应的计量单位的乘积表示量的大小。例如，6 mV、1A 等。

当然，测量的结果也可以用一组数据、曲线或图形等方式表示出来，但它们同样包含着具体的数值与单位。没有单位，量值是没有物理意义的。

② 被测量：被测量的量。它可以是待测量的量，也可以是已测量的量。如测量电压时，电压即为被测量。

③ 影响量：不是被测量，但却影响被测量的量值或计量器具示值的量。例如，测量电阻时，环境温度就是它的一个影响量。

④ 量的真值：某量在所处的条件下被完美地确定或严格定义的量值。或者可以理解为没有误差的量值。量的真值是一个理想的概念，实际上不可能确切得知，只能随着科学技术的发展和人们认识的提高逐渐接近它。近年来，在测量不确定度的表述中，鉴于量的真值是一个理想的概念，已不再使用它，而以“量的值”或“被测量的值”代之。

⑤ 约定真值：为约定目的而取的可以代替真值的量值。一般来说，约定真值与真值的差值可以忽略不计。故在实际应用中，约定真值可以代替量的真值。

⑥ 准值：具有明确规定的值。例如，该值可以是被测值、测量范围上限、刻度盘范围、某一预调值或者其他明确规定的值。

⑦ 示值：对于测量仪器，是指示值或记录值；对于标准器具，是标称值或名义值；对于供给量仪器，是设置值或标称值。

⑧ 额定值：由制造者为设备或仪器在规定工作条件下指定的量值。

⑨ 读数：仪器刻度盘或显示器上直接读到的数字。例如，以 100 分度表示 50 mA 的电流表，当指针指在 40 时，读数是 40，而示值为 20 mA。有时为了避免差错和便于查对，在记录测量的示值时应同时记下直接的读数。

⑩ 实际值：满足规定精确度的用来代替真值的量值。实际值可以理解为由实验获得的，在一定程度上接近真值的量值。在计量检定中，通常将上级计量标准所复现的量值称为下级计量器具的实际值。

⑪ 测得值（测量值）：由测量得出的量值。它可能是从计量器具上直接得出的量值，也可能是通过必要的换算查表等（如系数换算、借助于相应的图表或曲线等）所得出的量值。

2. 测量方法

测量方法的正确与否是十分重要的，它直接关系到测量工作能否正常进行和测量结果的有效性。应根据测量任务提出的精度要求和其他技术指标，进行认真的分析和研究，找出切实可行的测量方法，选择合适的测量仪表、仪器或装置，然后进行测量。

测量方法的分类是多种多样的。根据测量时被测量是否随时间变化可分为静态测量和动态测量；根据测量条件可分为等精度测量和非等精度测量；根据测量元件是否与被测介质接触可分为接触式测量和非接触式测量；根据测量方法可分为直接测量、间接测量和组合测量；根据测量方式可分为直读式测量、零位式测量和微差式测量。下面着重介绍后两种分类方法。

（1）按测量方法分

① 直接测量。在使用仪表进行测量时，对仪表读数不需经过任何运算就能直接表示测量所需的结果，称为直接测量。例如用电流表测电路中某一支路的电流；用温度计测量温度等。此方法广泛应用于工程中。

② 间接测量。用直接测量方法测量几个与被测量有确切函数关系的物理量，然后通过函数关系式求出被测量的值，称为间接测量。例如测量导体的电阻率 ρ，可以通过测量该导体的电阻和它的长度 l 及其截面积 A，然后通过下式求电阻率 ρ。

$$\rho = \frac{RA}{l} \tag{1-1}$$

间接测量法的测量手续繁多，花费时间较长，为下列情况之一者，才进行间接测量。

a. 直接测量很不方便，例如直接测量晶体管集电极电流 I_c 很不方便，可直接测量某集电极电阻（R_c）上的电压 U_{Rc}，然后用公式 $I_c = U_{Rc} / R_c$ 算出 I_c。

b. 直接测量误差大。

c. 缺乏直接测量仪器。

d. 有多参数综合测试仪，测量手续可以简化等。

间接测量法多在实验室中使用，在工程测量中很少用。

③ 组合测量。它是兼用直接测量和间接测量的方法。将被测量和另外几个量联立方程，

通过测量这几个量来最后求解联立方程，从而得出被测量的大小。此时用计算机来求解，是比较方便的。

（2）按测量方式分

① 直读式测量。直接从仪器、仪表的刻度线上读出测量结果的方法称为直读测量法。例如，用电压表测量电压，用温度计测量温度等都是直读测量法。这种方法是根据仪器、仪表的读数来判断被测量的大小的，从表面上看似乎没与标准量进行直接比较，但由于使用的指示仪表在生产制造和校正过程中必须借助于标准仪表，因此在直读式测量中，被测量和标准量的比较是间接进行的。

这种方法具有简单易行、迅速方便等优点，被广泛应用。

② 零位式测量（又称补偿式或平衡式测量）。测量过程中，用指零仪的零位指示检测、测量系统的平衡状态，在测量系统达到平衡时，用已知的基准量决定未知量的测量方法，称为零位式测量。用此方法进行测量时，标准量具装在仪表内，在测量过程中标准量直接与被测量相比较。测量时，要调整标准量，即进行平衡操作，一直到被测量与标准量相等，即指零仪回零。例如用电位差计测量被测电动势即为零位式测量。

采用此方法测量的优点是可获得较高的测量精度，但测量时操作复杂，测量速度也较慢。此方式不适于测量快速变化的信号，而只适于测量缓慢变化的信号。

③ 微差式测量。微差式测量综合了直读式测量和零位式测量的优点。它将被测量 x 与已知的标准量 N 进行比较，得到差值 $\Delta x=x-N$，然后用高灵敏度的直读式仪表测量微差 Δx，因此可得到被测量：$x=N+\Delta x$。由于微差 $\Delta x \ll N$，$\Delta x \ll x$，虽然直读式测量仪表测量 Δx 时，精度可能不高，但是测量 x 的精度仍然很高。

微差式测量方法的优点是反应快、测量精度高，既适于测量缓慢变化的信号，也适于测量迅速变化的信号，因此，在实验室和工程测量中都得到广泛应用。

各种测量方法都有各自的特点，在选择测量方法时，应首先研究被测量本身特性、所提出的精度要求、环境条件及所具有的测量仪表（装置）、仪器等，经综合考虑，再确定采用哪种测量方法和选择哪些测量设备。

1.2.2 电工测量仪表

用来测量电流、电压、功率等电量的仪器、仪表，称为电工测量仪表。它不仅可以用来测量各种电量，还可以利用相应变换器的转换来间接测量各种非电量，如温度、压力等。在种类繁多的电工仪表中，应用最广、数量最大的是指示式仪表。另外随着科学技术的发展，数字仪表、智能仪表和虚拟仪表也逐渐应用于电工测量中。

1. 电工指示仪表的基本组成和工作原理

电工指示仪表的基本工作原理都是将被测电量或非电量变换成指示仪表活动部分的偏转角位移量。如图 1-1 所示，电工指示仪表一般由测量线路和测量机构两个部分组成。

被测量往往不能直接加在测量机构上，一般需要将被测量转换成测量机构用以测量的过渡量，这个将被测量转换为过渡量的结构部分称为测量线路。将过渡量按某一关系转换成偏转角的机构称为测量机构，它由活动部分和固定部分组成，是仪表的核心。

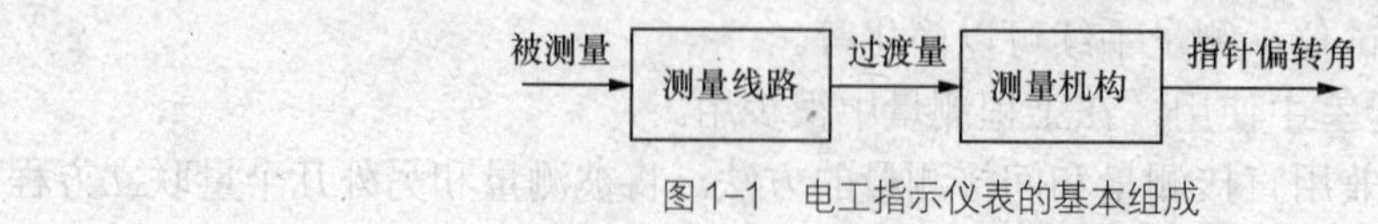

图 1-1 电工指示仪表的基本组成

测量线路的作用是利用测量机构把被测电量或非电量转换为能直接测量的电量。测量机构的主要作用是产生使仪表指示器偏转的转动力矩，以及产生使指示器保持平衡和迅速稳定的反作用力矩及阻尼力矩。

它的活动部分可在偏转力矩的作用下偏转。同时测量机构产生反作用力矩的部件所产生的反作用力矩也作用在活动部件上，当转动力矩与反作用力矩相等时，可动部分便停止下来。由于可动部分具有惯性，以至于可动部分达到平衡时不能迅速停止下来，而是在平衡位置附近来回摆动。测量机构中的阻尼装置产生的阻尼力矩使指针迅速停止在平衡位置上，指示出被测量的大小，这就是电工指示仪表的基本工作原理。

2. 常用电工仪表的分类

电工测量仪表种类繁多，分类方法也各有不同，了解电工测量仪表的分类，有助于认识它们所具有的特性，对了解电工测量仪表的原理有一定的帮助。下面介绍几种常见的电工测量仪表的分类方法。

（1）按仪表的工作原理分类

根据测量仪表的工作原理，指示式仪表有以下几种类型：磁电系仪表、电磁系仪表、电动系仪表、感应系仪表、电子系和整流系仪表等。

（2）按测量对象分类

根据测量对象的不同，指示式仪表有电流表、电压表、功率表、电阻表、频率表以及多种用途的万用表等。

（3）按测量电量的种类分类

根据测量电量的类型不同，指示式仪表分为直流仪表、单相交流表、交直两用表和三相交流表。

（4）按测量准确度分类

根据测量准确度等级，仪表有0.1、0.2、0.5、1.0、1.5、2.5、5.0共7个等级。

（5）按仪表的内部结构分类

根据仪表的内部结构，仪表有模拟仪表、数字仪表、智能仪表等。

3. 电工测量仪表的发展

（1）电工测量仪表的发展

电工测量仪表的发展大体经历了如下4个阶段。

① 模拟仪表。模拟仪表基本结构是电磁机械式的，借助指针来显示测量结果。

② 数字仪表。数字仪表将模拟信号的测量转换为数字信号的测量，并以数字方式输出测量结果。

③ 智能仪表。智能仪表内置微处理器和 GPIB 接口，既能进行自动测量又具有一定的数据处理能力。它的功能模块全部以软件或固化软件形式存在，但在开发或应用上缺乏灵活性。

④ 虚拟仪器。虚拟仪器是一种功能意义上的仪器，在微型计算机上添加强大的测试应用软件和一些硬件模块，具有虚拟仪器面板和测量信息处理系统，使用户操作微机就像操作真实仪器一样。虚拟仪器强调软件的作用，提出“软件就是仪器”的概念。

（2）现代电工测量技术的发展趋势

随着微电子技术、计算机技术及数字信号处理（DSP）等先进技术在测试技术中的应用，就共性和基础技术而言，现代电工测量技术的发展趋势是：集成仪器、测试系统的体系结构、测试软件、人工智能测试技术等方面，以下着重讲述集成仪器和测试软件两个方面。

① 集成仪器概念。仪器与计算机技术的深层次结合产生了全新的仪器结构概念。从虚拟仪器、卡式仪器、VXI总线仪器……直至集成仪器概念，至今还未有正式的定义。一般说来，将数据采集卡插入计算机空槽中，利用软件在屏幕上生成虚拟面板，在软件导引下进行信号采集、运算、分析和处理，实现仪器功能并完成测试的全过程，这就是所谓的虚拟仪器。即由数据采集，集卡、计算机、输出（D/A）及显示器这种结构模式组成仪器通用硬件平台，在此平台基础上调用测试软件完成某种功能的测试任务，便构成该种功能的测量仪器，成为具有虚拟面板的虚拟仪器。在此同一平台上，调用不同的测试软件就可构成不同功能的虚拟仪器，故可方便地将多种测试功能集于一体，实现多功能集成仪器。因此，出现了“软件就是仪器”的概念，如对采集的数据通过测试软件进行标定和数据点的显示就构成一台数字存储示波器；若对采集的数据利用软件进行快速傅里叶变变换（FFT），则构成一台频谱分析仪。

② 测试软件。在测试平台上，调用不同的测试软件就构成不同功能的仪器，因此软件在系统中占有十分重要的地位。在大规模集成电路迅速发展的今天，系统的硬件越来越简化，软件越来越复杂，集成电路器件的价格逐年大幅下降，而软件成本费用则大幅上升。测试软件不论对大的测试系统还是单台仪器子系统来讲都是十分重要的，而且是未来发展和竞争的焦点。有专家预言：“在测试平台上，下一次大变革就是软件。”信号分析与处理要求取的特征值，如：峰值、真有效值、均值、方均根值、方差、标准差等，若用硬件电路来获取，其电路极复杂，若要获得多个特征值，电路系统则很庞大；而另一些数据特征值，如相关函数、频谱、概率密度函数等则是不可能用一般硬件电路来获取的，即使是具有处理器的智能化仪器，如频谱分析仪、传递函数分析仪等。而在测试平台上，信号数据特征的定义式用软件编程很容易实现，从而使得那些只能是“贵族式”分析仪器才具有的信号分析与测量功能得以在一般工程测量中实现，使得信号分析与处理技术能够广泛应用于工程生产实践。

软件技术对于现代测试系统的重要性，表明计算机技术在现代测试系统中的重要地位。但不能认为，掌握了计算机技术就等于掌握了测试技术。这是因为，计算机软件永远不可能全部取代测试系统的硬件，不懂得测试系统的基本原理就不可能正确地组建测试系统和正确应用计算机。一个专门的程序设计者，可以熟练而又巧妙地编制科学算题的程序，但若不懂测试技术则根本无法编制测试程序。测试程序是专业程序编制人员无法编写的，而必须由精通测试技术的工程人员来编写。因此，现代测试技术既要求测试人员熟练掌握计算机应用技术，更要深入掌握测试技术的基本理论。

因此，通用集成仪器平台的构成技术与数据采集、数字信号处理的软件技术是决定现代测试仪器、系统性能与功能的两大关键技术。以虚拟/集成仪器为代表的现代测试仪器、系统与传统测试仪器相比较的最大特点是：用户在集成仪器平台上根据自己的要求开发相应的应用软件，就能构成自己需要的实用仪器和实用测试系统，其仪器的功能不限于厂家的规定。因此，学习、了解测量原理是非常必要的。

4. 电工仪表的选择

电工仪表的选择应从以下几个方面进行考虑。

（1）仪表类型的选择

根据被测量是直流量还是交流量来选用直流仪表或交流仪表。若被测量是直流量时，常采用磁电式仪表，也可选用电动式仪表；若被测量是正弦交流量时；只需测出其有效值即可换算出其他值，可用任何一种交流仪表；若被测量是非正弦量，测量有效值用电动式或电磁式仪表测量，测量平均值用整流式仪表测量，测量瞬时值则用示波器。应该注意，如果被测量是中频或高频，应选择频率范围与之相适应的仪表。

（2）准确度的选择

应根据测量所要求的准确度来选择相适应的仪表等级。仪表的准确度越高，造价就越高。因此，从经济角度考虑，实际测量中，在满足测量精度要求的情况下，不要选用高准确度的仪表。

通常准确度等级为0.1级、0.2级的仪表为标准表，也可用于精密测量；0.5级、1.0级的仪表可用于实验室；而工程实际中对仪表准确度的要求较低，在1.5级以下。

（3）量限的选择

被测量的值越接近仪表的满刻度值，测量值的准确度就越高，但同时还要兼顾可能出现的最大值，通常应使被测量不小于量限的2/3。

（4）内阻的选择

仪表内阻的大小反映了仪表本身的功耗，仪表的功耗对被测对象的影响越小越好。应根据被测量阻抗的大小和测量线路来合理选择仪表内阻的大小。

（5）根据仪表的工作条件选择

要根据仪表所规定的工作条件，并考虑使用场所、环境温度、湿度、外界电磁场等因素的影响选择合适的仪表，否则将引起一定的附加误差。总之，在选择仪表时，不应片面追求仪表的某一项指标，应根据被测量的特点，从以上几方面进行全面考虑。

1.2.3　测量误差

任何测量仪器的测得值都不可能完全准确地等于被测量的真值。在实际测量过程中，人们对于客观事物认识的局限性，测量工具不准确，测量手段不完善，受环境影响或测量工作中的疏忽等，都会使测量结果与被测量的真值在数量上存在差异，这个差异称为测量误差。随着科学技术的发展，对于测量精确度的要求越来越高，要尽量控制和减小测量误差，使测量值接近真值。所以测量工作的值取决于测量的精确程度。当测量误差超过一定限度时，由测量工作和测量结果所得出的结论将是没有意义的，甚至会给工作带来危害。因此对测量误差的控制就成为衡量测量技术水平乃至科学技术水平的一个重要方面。但是，由于误差存在的必然性与普遍性，人们只能将它控制在尽量小的范围，而不能完全消除它。

实验证明，无论选用哪种测量方法，采用何种测量仪器，其测量结果总会含有误差。即使在进行高准确度的测量时，也会经常发现同一被测对象的前次测量与后次测量的结果存在差异，用这一台仪器和用那一台仪器测得的结果也存在差异，甚至同一位测量人员在相同的环境下，用同一台仪器进行的两次测量也存在误差，且这些误差又不一定相等，被测对象虽然只有一个，但测得的结果却往往不同。当测量方法先进，测量仪器准确时，测得的结果会更接近被测对象的实际状态，此时测量的误差小、准确度高。但是，任何先进的测量方法，任何准确量的误差都不等于零。或者说，只要有测量，必然有测量结果，有测量结果必然产生误差。误差自始至终存在于一切科学实验和测量的全过程之中，不含误差的测量结果是不存在的，这就是误差公理。重要的是要知道实际测量的精确程度和产生误差的原因。

研究误差的目的，归纳起有以下几个方面。

① 正确认识误差产生的原因和性质，以减小测量误差。

② 正确处理测量数据，以得到接近真值的结果。

③ 合理地制定测量方案，组织科学实验，正确地选择测量方法和测量仪器，以便在条件允许的情况下得到理想的测量结果。

④ 在设计仪器时，由于理论不完善，计算时采用近似公式，忽略了微小因素的作用，从而导致了仪器原理设计误差，它必然影响测量的准确性。因此设计时必须要用误差理论进行分析并适当控制这些误差因素，使仪器的测量准确程度达到设计要求。

可见，误差理论已经成为从事测量技术和仪器设计、制造技术的科技人员所不可缺少的重要理论知识，它同任何其他科学理论一样，将随着生产和科学技术的发展而进一步得到发展和完善，因此正确认识与处理测量是十分重要的。

1. 测量误差的表示方法

测量误差可表示为 4 种形式。

（1）绝对误差

绝对误差定义为由测量所得的示值与真值之差，即

$$\Delta A = A_{x} - A_{0} \tag{1-2}$$

式中，ΔA——绝对误差；

A_{x}——示值，在具体应用中，示值可以用测量结果的测量值、标准量具的标称值、标准信号源的调定值或定值代替；

A_{0}——被测量的真值，由于真值的不可知性，常用约定真值和相对真值代替。绝对误差可正可负，且是一个有单位的物理量。绝对误差的负值称为修正值，也称补值，一般用 C 表示，即

$$C = -\Delta A = A_{0} - A_{x} \tag{1-3}$$

测量仪器的修正值一般是通过计量部门检定给出。从定义不难看出，测量时利用示值与已知的修正值相加就可获得相对真值，即实际值。

（2）相对误差

相对误差定义为绝对误差与被测量真值之比，一般用百分数形式表示，即

$$\gamma_{0} = \frac{\Delta A}{A_{0}} \times 100\% \tag{1-4}$$

这里真值 A_0 也用约定真值或相对真值代替。但在约定真值或相对真值无法知道时，往往用测量值（示值）代替，即

$$\gamma_{x} = \frac{\Delta A}{A_{x}} \times 100\% \tag{1-5}$$

应注意，在误差比较小时，γ_{0} 和 γ_{x} 相差不大，无须区分，但在误差比较大时，两者相差悬殊，不能混淆。为了区分，通常把 γ_{0} 称为真值相对误差或实际值相对误差，而把 γ_{x} 称为示值相对误差。

在测量实践中，常常使用相对误差来表示测量的准确程度，因为它方便、直观。相对误差越小，测量的准确度就越高。

（3）引用误差

引用误差定义为绝对误差与测量仪表量程之比，用百分数表示，即

$$\gamma_{n} = \frac{\Delta A}{A_{m}} \times 100\% \tag{1-6}$$

式中，γ_n——引用误差；

A_m——测量仪表的量程。

测量仪表各指示（刻度）值的绝对误差有正有负，有大有小。所以，确定测量仪表的准确度等级应用最大引用误差，即绝对误差的最大绝对值$|\Delta A|_m$与量程之比。若用γ_{nm}表示最大引用误差，则有

$$\gamma_{nm} = \frac{|\Delta A|_{m}}{A_{m}} \times 100\% \tag{1-7}$$

国家标准 GB776—76《测量指示仪表通用技术条件》规定，电测量仪表的准确度等级指数a分为：0.1、0.2、0.5、1.0、1.5、2.5、5.0 共 7 级。它们的基本误差（最大引用误差）不能超过仪表准确度等级指数a的百分数，即

$$\gamma_{nm} \leqslant a\% \tag{1-8}$$

依照上述规定，不难看出：电工测量仪表在使用时所产生的最大可能误差可由下式求出。

$$\Delta A_{m} = \pm A_{m} \times a\% \tag{1-9}$$

$$\gamma_{x} = \pm (A_{m}/A_{x}) \times a\% \tag{1-10}$$

引用误差是为了评价测量仪表的准确度等级而引入的，它可以较好地反映仪表的准确度，引用误差越小，仪表的准确度越高。

[例] 某 1.0 级电压表，量程为 500 V，当测量值分别为U_1=500V，U_2= 250 V，U_3=100V时，试求出测量值的（最大）绝对误差和示值相对误差。

解：根据式(1 -9)可得绝对误差

$$\Delta U_{1} = \Delta U_{2} = \Delta U_{3} = \pm 500 \times 1.0\%\text{V} = \pm 5\text{V}$$
$$\gamma_{U_1} = (\Delta U_1/U_1) \times 100\% = (\pm 5/500) \times 100\% = \pm 1.0\%$$
$$\gamma_{U_2} = (\Delta U_2/U_2) \times 100\% = (\pm 5/250) \times 100\% = \pm 2.0\%$$
$$\gamma_{U_3} = (\Delta U_3/U_3) \times 100\% = (\pm 5/100) \times 100\% = \pm 5.0\%$$

由上例不难看出：测量仪表产生的示值测量误差γ_x不仅与所选仪表等级指数a有关，而且与所选仪表的量程有关。量程A_m和测量值A_x相差越小，测量准确度越高。所以，在选择仪表量程时，测量值应尽可能接近仪表满刻度值，一般不小于满刻度值的 2/3。这样，测量结果的相对误差将不会超过仪表准确度等级指数百分数的 1.5 倍。这一结论只适合于以标度尺上量限的百分数划分仪表准确度等级的一类仪表，如电流表、电压表、功率表，而对于测量电阻的普通型电阻表是不适合的，因为电阻表的准确度等级是以标度尺长度的百分数划分的。可以证明电阻表的示值接近其中值电阻时，测量误差最小，

准确度最高。

（4）容许误差

容许误差是指测量仪器在使用条件下可能产生的最大误差范围，它是衡量测量仪器质量的最重要的指标。测量仪器的准确度、稳定度等指标都可用容许误差来表征。按 SJ943—82《电子仪器误差的一般规定》的规定，容许误差可用工作误差、固有误差、影响误差、稳定性误差来描述。

① 工作误差。工作误差是在额定工作条件下仪器误差极限值，即来自仪器外部的各种影响量和仪器内部的影响特性为任意可能的组合时，仪器误差可能达到的最大极限值。这种表示方式的优点是使用方便，即可利用工作误差直接估计测量结果误差的最大范围。不足的是由于工作误差是在最不利的组合条件下给出的，而在实际测量中最不利组合的可能性极小，所以，由工作误差估计的测量误差一般偏大。

② 固有误差。固有误差是当仪器的各种影响量和影响特性处于基准条件下仪器所具有的误差。由于基准条件比较严格，所以，固有误差可以更准确地反映仪器所固有的性能，便于在相同条件下对同类仪器进行对比和校准。

③ 影响误差。影响误差是当一个影响量处在额定使用范围内，而其他所有影响量处在基准条件时仪器所具有的误差，如频率误差、温度误差等。

④ 稳定性误差。稳定性误差是在其他影响量和影响特性保持不变的情况下，在规定的时间内，仪器输出的最大值或最小值与其标称值的偏差。

容许误差通常用绝对误差表示。测量仪表的各刻度值的绝对误差有明显的特征：其一是存在与示值 A。无关的固定值，当被测量为零时可以发现它；其二是绝对误差随示值 A_x 线性增大。因此其具体表示方法有以下三种可供选择。

$$\varDelta=\pm(A_x\alpha\%+A_m\beta\%) \quad (1\text{–}11)$$

$$\varDelta=\pm(A_x\alpha\%+n\text{个字}) \quad (1\text{-}12)$$

$$\varDelta=\pm(A_x\alpha\%+A_m\beta\%+n\text{个字}) \quad (1\text{-}13)$$

式中，A_x ——测量值或示值；

A_m——量限或量程值；

α ——误差的相对项系数；

β ——固定项系数。

式（1-12）、式（1-13）主要用于数字仪表的误差表示，“n 个字”所表示的误差值是数字仪表在给定量限下分辨力的 n 倍，即末位一个字所代表的被测量量值的 n 倍。显然，这个值与数字仪表的量限和显示位数密切相关，量限不同，显示位数不同，“n 个字”所表示的误差值不同。例如，某 4 位数字电压表，当 n 为 4，在 1V 量限时，“n 个字”表示的电压误差是 4 mV，而在 10 V 量限时，“n 个字”表示的电压误差是 40 mV。通常仪器准确度等级指数由 α 与 β 之和来决定，即 $a=\alpha+\beta$。

2. 测量误差的分类

根据误差的性质，测量误差可分为系统误差、随机误差和疏失误差三类。

（1）系统误差

在相同条件下，多次测量同一个量值时，误差的绝对值和符号保持不变，或在条件改变时，按一定规律变化的误差称为系统误差。产生这种误差的原因有以下几种。

① 测量仪器设计原理不完善及制作上有缺陷。如刻度的偏差，刻度盘或指针安装偏心，使用时零点偏移，安放位置不当等。

② 测量时的实际温度、湿度及电源电压等环境条件与仪器要求的条件不一致等。

③ 测量方法不正确。

④ 测量人员估计读数时，习惯偏于某一方向或有滞后倾向等原因所引起的误差。

对于在条件改变时，仍然按一个确定规律变化的误差也是系统误差。

值得指出的是，被测量通过直接测量的数据再用理论公式推算出来时，其误差也属于系统误差。例如用平均值表示测量非正弦电压进行波形换算时的定度系数为

$$K_a = \frac{\pi}{2\sqrt{2}} \approx 1.11 \tag{1-14}$$

式中 π 与 $\sqrt{2}$ 均为无理数，所取的 1.11 是一个近似数，由它计算出来的结果显然是一个近似值。因为它是由间接的计算造成的，用提高测量准确度或多次测量取平均值的方法均无效，只有用修正理论公式的方法来消除它，这是它的特殊性。但是，因为它产生的误差是有规律的，所以一般也把它归到系统误差范畴内。

系统误差的特点是，测量条件一经确定，误差就是一个确定的数值。用多次测量取平均值的方法，并不能改变误差的大小。系统误差产生的原因是多方面的，但它是有规律的误差。针对其产生的根源采取一定的技术措施，可减小它的影响。例如，仪器不准时，通过校验取得修正值，即可减小系统误差。

（2）随机误差（偶然误差）

在相同条件下，多次重复测量同一个量值时，误差的绝对值和符号均以不可预定方式变化的误差称为随机误差。产生这种误差的原因有以下几类。

① 测量仪器中零部件配合的不稳定或有摩擦，仪器内部器件产生噪声等。

② 温度及电源电压的频繁波动，电磁场干扰，地基震动等。

③ 测量人员感觉器官的无规则变化，读数不稳定等原因所引起的误差均可造成随机误差，使测量值产生上下起伏的变化。

就一次测量而言，随机误差没有规律，不可预测。但是当测量次数足够多时，其总体服从统计的规律，多数情况下接近于正态分布。

随机误差的特点是，在多次测量中误差绝对值的波动有一定的界限，即具有有界性；正负误差出现的概率相同，即具有对称性。

根据以上特点，可以通过对多次测量的值取算术平均值的方法来消弱随机误差对测量结果的影响。因此，对于随机误差可以用数理统计的方法来处理。

（3）疏失误差（粗大误差）

在一定的测量条件下，测量值明显地偏离被测量的真值所形成的误差称为疏失误差。产生这种误差的原因有以下几类。

① 一般情况下，它不是仪器、仪表本身所固有的，主要是由于测量过程中的疏忽大意造成的。例如测量者身体过于疲劳，缺乏经验，操作不当或工作责任心不强等原因造成读错刻度、记错读数或计算错误。这是产生疏失误差的主观原因。

② 由于测量条件的突然变化，如电源电压、机械冲击等引起仪器示值的改变。这是产生

疏失误差的客观原因。含有疏失误差的测量数据是对被测量的歪曲，称为坏值，一经确认应当剔除不用。

3. 系统误差的消除

对于测量者，要善于找出产生系统误差的原因并采取相应的有效措施以减小误差的有害作用。它与测量对象，测量方法，仪器、仪表的选择以及测量人员的实践经验密切相关。下面介绍几种常用的减小系统误差的方法。

（1）从产生系统误差的原因采取措施

接受一项测量任务后，首先要研究被测对象的特点，选择合适的测量方法和测量仪器、仪表，并合理选择所用仪表的精度等级和量程上限；选择符合仪表标准工作条件的测量工作环境（如温度、湿度、大气压、交流电源电压、电源频率、振动、电磁场干扰等），必要时可采用稳压、恒温、恒湿、散热、防振和屏蔽接地等措施。

测量时应提高测量技术水平，增强工作人员的责任心，克服由主观原因所造成的误差。为避免读数或记录出错，必要时可用数字仪表代替指针式仪表，用打印代替人工抄写等。

总之，在测量上作之前，尽量消除产生误差的根源，从而减小系统误差的影响。

（2）利用修正的方法来消除

修正的方法是消除或减弱系统误差的常用方法，该方法在智能化仪表中得到了广泛应用。所谓修正的方法就是在测量前或测量过程中，求取某类系统误差的修正值，而在测量的数据处理过程中手动或自动地将测量读数或结果与修正值相加，于是，就从测量读数或结果中消除或减弱了该类系统误差。若用 C 表示某类系统误差的修正值，用 A_x 表示测量读数或结果，则不含该类系统误差的测量读数或结果 A 可用下式表示。

$$A = A_x + C \tag{1-15}$$

修正值的求取有以下 3 种途径。

① 从有关资料中查取。如仪器、仪表的修正值可从该表的检定证书中获取。

② 通过理论推导求取。如指针式电流表、电压表内阻不够小或不够大引起方法误差的修正值可由下式表示。

$$C_A = \frac{R_A}{R_{ab}} I_x \tag{1-16}$$

$$C_A = \frac{R_{ab}}{R_A} U_x \tag{1-17}$$

式中，C_A、C_V——电流表、电压表读数的修正值；

R_A、R_V——电流表、电压表量程对应的内阻；

R_{ab}——被测网络的等效含源支路的输入端电阻；

I_x、U_x——电流表、电压表的读数。

通过实验求取对影响测量读数（结果）的各种影响因素，如温度、湿度、频率、电源电压等变化引起的系统误差，可通过实验作出相应的修正曲线或表格，供测量时使用。对不断变化的系统的系统误差，如仪器的零点误差、增益误差等可采取边测量、边修正的方法解决。智能化仪表中采用的三步测量、实时校准均缘于此法。

（3）利用特殊的测量方法消除

系统误差的特点是大小、方向恒定不变，具有可预见性，所以可用特殊的测量方法消除。

① 替代法。替代法是比较测量法的一种，它是先将被测量 A_x 接在测量装置上，调节测量装置处于某一状态，然后用与被测量相同的同类标准量 A_N 替代 A_x，调节标准量 A_N，使测量装置恢复原状态，则被测量等于调整后的标准量，即 $A_x = A_N$。例如在电桥上用替代法测电阻，先把被测电阻 R_x 接入电桥，调节电桥比例臂 R_1、R_2 和比较臂 R_3，使电桥平衡，则 $R_x=(R_1/R_2)R_3$。

显然桥臂参数的误差会影响测量结果。若以标准量电阻 R_N 代替被测 R_x 接入电桥，调节 R_N 使电桥重新平衡，则 $R_N=(R_1/R_2)R_3$。

显然 $R_x=R_N$，且桥臂参数的误差不影响测量结果，R_x 仅取决于 R_N 的准确度等级。

可见替代法的特点是测量装置的误差不影响测量结果，但测量装置要求必须具有一定的稳定性和灵敏度。

② 交换法。当某种因素可能使测量结果产生单一方向的系统误差时，可利用交换位置或改变测量方向等方法，测量两次，并对两次的测量结果取平均值，即可大大减弱甚至抵消由此引起的系统误差。例如用电流表测量某电流时，可将电流表放置位置旋转 180° 再测，取两次测量结果的平均值，即可减弱或消除外磁场引起的系统误差。

③ 抵消法（正负误差补偿法）。这种方法要求进行两次测量，改变测量中某一条件，如测量方向，使两次测量结果中的误差大小相等、符号相反，取两次测量值的平均值作为测量结果，即可消除系统误差。

例如，用电流表测电流时，因为恒定外磁场的影响使仪表读数一次偏大，一次偏小，可以将电流表的位置旋转 180° 再测一次，取两次读数的平均值作为测量结果。

此外，减小系统误差的方法还有很多，只要事先仔细研究，判清系统误差的属性，适当选择测量方法就能部分或大体上消除系统误差。

1.3 常用元件识别

1.3.1 电阻元件

1. 电阻元件的标称值

标称值是根据国家制定的标准系列标注的，不是生产者任意标定的，不是所有阻值的电阻器都存在，常见的电阻标称值系列如下：

E24 系列（误差±5%）：1.0，1.1，1.2，1.3，1.5，1.6，1.8，2.0，2.2，2.4，2.7，3.0，3.3，3.6，3.9，4.3，4.7，5.1，5.6，6.2，6.8，7.5，8.2，9.1。

E12 系列（误差±10%）：1.0，1.2，1.5，1.8，2.2，2.7，3.0，3.9，4.7，5.6，6.8，8.2。

E6 系列（误差±20%）：1.0，1.5，2.2，3.3，4.7，6.8。

标称额定功率如下。

线绕电阻系列：3 W，4W，8W，10 W，16 W，25 W，40 W，50 W，75 W，100 W，150 W，250 W，500 W。

非线绕电阻系列：0.05 W，0.125 W，0.25 W，0.5 W，1 W，2 W，5 W。

2. 电阻的分类

① 按阻值特性分：固定电阻、可调电阻、特种电阻（敏感电阻）。

② 按制造材料分：碳膜电阻、金属膜电阻、线绕电阻、合成膜电阻。

③ 按安装方式分：插件电阻、贴片电阻。

④ 按功能分：高频电阻、高温电阻、采样电阻、分流电阻、保护电阻等。

3. 普通电阻的选用常识

（1）正确选择电阻器的阻值和误差

阻值选用原则：所用电阻器的标称阻值与所需电阻器阻值差值越小越好。

误差选用：*RC* 暂态电路所需电阻器的误差尽量小，一般可选 5%以内。反馈电路、滤波电路、负载电路对误差要求不太高，可选 10%～20%的电阻器。

（2）额定电压与额定功率

额定电压：实际电压不能超过额定电压。

额定功率：所选电阻器的额定功率应大于实际承受功率的两倍以上才能保证电阻器在电路中长期工作的可靠性。

（3）要首选通用型电阻器

通用型电阻器种类较多、规格齐全、生产批量大且阻值范围、外观形状、体积大小都有挑选的余地，便于采购和维修。

（4）根据电路特点选用

高频电路：分布参数越小越好，应选用金属膜电阻、金属氧化膜电阻等高频电阻。

低频电路：线绕电阻、碳膜电阻都适用。

功率放大电路、偏置电路、取样电路：电路对稳定性要求比较高，应选温度系数小的电阻器。

（5）根据电路板大小选用电阻

1.3.2 电感线圈

1. 电感线圈的基本知识

电感线圈是由导线一圈靠一圈地绕在绝缘管上，导线彼此互相绝缘，而绝缘管可以是空心的，也可以包含铁芯或磁粉芯，这样的二端元件简称电感。电感是利用电磁感应的原理进行工作的。电感量 L 表示线圈本身固有特性，与电流大小无关。除专门的电感线圈（色码电感）外，电感量一般不专门标注在线圈上，而以特定的名称标注。电感量 L 恒定的电感叫做线性电感，电感量 L 随通过的电流而变化的电感叫做非线性电感，一般空心线圈是线性电感，铁芯线圈是非线性电感。

2. 电感的分类

按电感形式分类：固定电感、可变电感。

按导磁体性质分类：空心线圈、铁氧体线圈、铁芯线圈、铜芯线圈等。

按工作性质分类：天线线圈、振荡线圈、扼流线圈、陷波线圈、偏转线圈等。

按绕线结构分类：单层线圈、多层线圈、蜂房式线圈等。

3. 常用线圈简介

（1）单层线圈

单层线圈是用绝缘导线一圈靠一圈地绕在纸筒或胶木骨架上。如晶体管收音机中波天线线圈。

（2）蜂房式线圈

如果所绕制的线圈，其平面不与旋转面平行，而是相交成一定的角度，这种线圈称为蜂房式线圈。而其旋转一周，导线来回弯折的次数，常称为折点数。蜂房式绕法的优点是体积小，分布电容小，而且电感量大。蜂房式线圈都是利用蜂房绕线机来绕制，折点越多，分布电容越小。

（3）铁氧体磁芯和铁粉芯线圈

线圈的电感量大小与有无磁芯有关。在空心线圈中插入铁氧体磁芯或铁粉芯，可增加电感量和提高线圈的品质因数。

（4）铜芯线圈

铜芯线圈在超短波范围应用较多，利用旋转铜芯在线圈中的位置来改变电感量，这种调整比较方便、耐用。

（5）色码电感器

色码电感器是具有固定电感量的电感器，其电感量标记方法同电阻一样以色环来标记。

（6）阻流圈（扼流圈）

限制交流电通过的线圈称阻流圈，分高频阻流圈和低频阻流圈。

（7）偏转线圈

偏转线圈是电视机扫描电路输出级的负载，偏转线圈要求：偏转灵敏度高、磁场均匀、值高、偏体积小、价格低。

1.3.3　电容元件

1. 电容的概念

电容元件是一种表征电路元件储存电荷特性的理想元件，其原始模型为由两块金属极板中间用绝缘介质隔开的平板电容器组成。当在两极板上加上电压后，极板上分别积聚着等量的正负电荷，在两个极板之间产生电场。积聚的电荷越多，所形成的电场就越强，电容元件所储存的电场能也就越大。

2. 电容的分类

电容按介质不同分为：气体介质电容、液体介质电容、无机固体介质电容、有机固体介质电容、电解电容。按极性分为：有极性电容和无极性电容。按结构分为：固定电容、可变电容，微调电容。

3. 电容的参数

（1）电容器标称电容值

目前我国采用的固定式标称容量系列是：E24、E12、E6 系列。

E24 系列的电容量为：

1.0　1.1　1.2　1.3　1.5　1.6　1.8　2.0　2.2　2.4　2.7　3.0

3.3　3.6　3.9　4.3　4.7　5.1　5.6　6.2　6.8　7.5　8.2　9.1

E12 系列的电容量为：

1.2　1.5　1.8　2.2　2.7　3.3　3.9　4.7　5.6　6.8　8.2

E6 系列的电容量为：

1.5　2.2　3.3　4.7　6.8

上述标称值$\times 10^n$即可得电容的标称容量。

（2）电容器的允许误差

不同的标称系列允许误差是不同的，一般 E24 系列电容的允许误差是±5%，E12 系电容的允许误差是±10%，E6 系列电容的允许误差是±20%。

（3）电容器的耐压

每一个电容都有它的耐压值，用 V 表示。一般无极电容的标称耐压值比较高，常见的有：63 V、100 V、160 V、250 V、400 V、600 V、1 000 V 等。有极电容的耐压相对比较低，一般标称耐压值有：4 V、6. 3 V、10 V、16 V、25 V、35 V、50 V、63 V、80 V、100 V、220 V、400 V 等。

1.3.4 二极管

1. 二极管简介

二极管种类很多，常用的有下面几种。

（1）整流二极管

将交流电流整流成为直流电流的二极管叫做整流二极管，它是面结合型的功率器件，因结电容大，故工作频率低。通常，I_F 在 1A 以上的二极管采用金属壳封装，以利于散热。I_F 在 1A 以下的采用全塑料封装。由于近代工艺技术不断提高，国外出现了不少较大功率的管子，也采用塑封形式。

（2）检波二极管

检波二极管是用于把叠加在高频载波上的低频信号检出来的器件，它具有较高的检波效率和良好的频率特性。

（3）开关二极管

在脉冲数字电路中，用于接通和关断电路的二极管叫开关二极管，它的特点是反向恢复时间短，能满足高频和超高频应用的需要。开关二极管有接触型、平面型和扩散台面型几种，一般 I_F<500 mA 的硅开关二极管，多采用全密封环氧树脂封装，陶瓷片状封装引脚较长的一端为正极。

（4）稳压二极管

稳压二极管是由硅材料制成的面结合型晶体二极管，它是利用 PN 结反向击穿时的电压基本上不随电流的变化而变化的特点，来达到稳压的目的，因为它能在电路中起稳压的作用，故称为稳压二极管（简称稳压管）。

2. 选用二极管的注意事项

（1）正向特性

加在二极管两端的正向电压（P 端为正、N 端为负）很小时（专锗管小于 0.1 V，硅管小于 0.5 V），管子不导通，处于“死区”状态，当正向电压超过一定数值后，管子才导通，电压再稍微增大，电流急剧增加，不同材料的二极管，起始电压不同，硅管为 0.5～0.7 V，锗管为 0.1～0.3 V。

（2）反向特性

二极管两端加上反向电压时，反向电流很小，当反向电压逐渐增加时，反向电流基本保持不变，这时的电流称为反向饱和电流。不同材料的二极管，反向电流大小不同，硅管约为 1μA 到几十微安，锗管可高达数百微安。另外，反向电流受温度变化的影响很大，锗管的稳定性比硅管差。

（3）击穿特性

当反向电压增加到某一数值时，反向电流急剧增大，这种现象称为反向击穿。这时的反向电压称为反向击穿电压，不同结构、工艺和材料制成的管子，其反向击穿电压值差异很大，可由 1V 到几百伏，甚至高达数千伏，

（4）频率特性

由于结电容的存在，当频率高到某一程度时，容抗小到使 PN 结短路，导致二极管失去单向导电性，不能工作。PN 结面积越大，结电容也越大，越不能在高频情况下工作。

第2篇 电工实验

实验一　仪表的使用与测量误差的计算

一、实验目的

① 熟悉实验台上各类电源和测量仪表的布局及使用方法。

② 掌握电压表、电流表的使用方法及其内电阻的测量方法。

③ 熟悉电工仪表测量误差的计算方法。

二、原理说明

在电路分析测量中，由于有各种不可预见的情况（如元件值随温度而变化）或不可克服的问题（如测量仪表的精度限制）等原因，会出现实际测量值与理论计算值不完全符合的情况。测量电流量时，需将电流表串联在被测电路中，电流表的内阻会造成一定数值的电压降亦会引起电路工作电流的变化，造成测量误差；在测量电压时，应将电压表并接于被测电路的两端点，电压表的内阻越大，对被测电路的影响越小。为了准确地测量电路中实际的电压和电流，必须保证仪表接入电路后不会改变被测电路的工作状态。这就要求电压表的内阻为无穷大和电流表的内阻为零。而实际使用的电工仪表都不能满足上述要求，这就导致仪表的读数值与电路原有的实际值之间出现误差，这种误差值的大小与仪表本身内阻值的大小密切相关。

1. “分流法”测量电流表的内阻

“分流法”测电流表内阻的电路如图 2-1 所示。

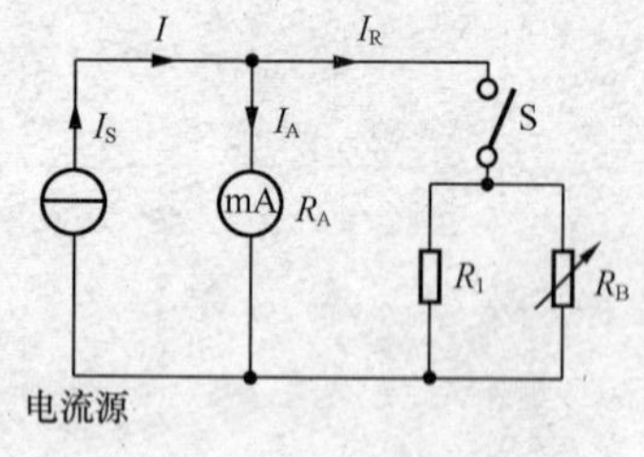

图 2-1　分流法测电流表内阻

先将一内阻为 R_A 的直流电流表与一恒流源相连，调节恒流源的输出电流 I_S，使电流表指针达到满偏；然后合上开关 S，将阻值较大的定值电阻 R_1 与可变电阻箱 R_B 并联接入电路，并保持 I_S 值不变，调节 R_B 的阻值，使电流表的指针指在 1/2 满偏转位置，此时有

$$I_A=I_R=\frac{I_S}{2} \tag{2-1}$$

即 $R_A=R_B /\!/ R_1$　R_1——定值电阻器之值；

式中，R_B 由可调电阻箱的刻度盘上读取。

选 R_1 与 R_B 并联，其阻值调节可比单只电阻箱更为细微、平滑。

2. “分压法”测量电压表的内阻

“分压法”测量电压表内阻的电路如图 2-2 所示。先将开关 S 投向 1，用一块内阻为 R_v 的电压表测量直流稳压电源的输出电压 U_S，调节电源的输出，使电压表 V 的指针为满偏值；然后将开关 S 掷向 2，将保护电阻 R_1 与可调电阻 R_B 串入电路，并调节 R_B 的阻值使电压表 V 的指示值减半。即

$$U=\frac{R_V}{R_V+(R_1+R_B)}U_S \tag{2-2}$$

此时有
$$R_V=R_1+R_B。$$

电压表的精度等级可以用灵敏度 S 来表示，即

$$S=R_V/U(\Omega/V)$$

3. 仪表内阻引入的测量误差的计算

仪表本身构造上引起的误差一般称之为仪表基本误差，可以由仪表的精度等级来表示。而仪表内阻引入的测量误差通常称之为方法误差，可以通过实验的方法（见 2.2 的实验）来减小。

将电压表接入图 2-3 所示分压电路，R_B 上的电压为 $U_{AB}=\frac{R_V}{R_V+(R_1+R_B)}U_S$，若 R_B=R_1，

则 U_{AB}=$\frac{1}{2}U_S$ 现用一内阻为 R_V 的电压表来测量 U_{AB} 之值，当 R_V 与 R_B 并联后，

R_{AB}=$\frac{R_V\times R_B}{R_V+R_B}$，以此来替代上式中的 R_B，则得

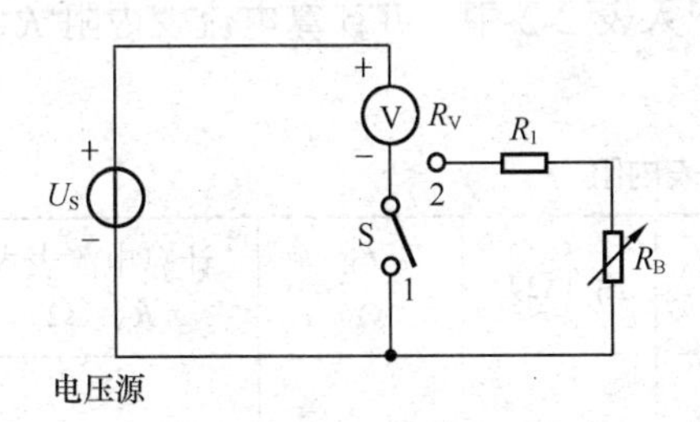

图 2-2　分压法测电压表的内阻

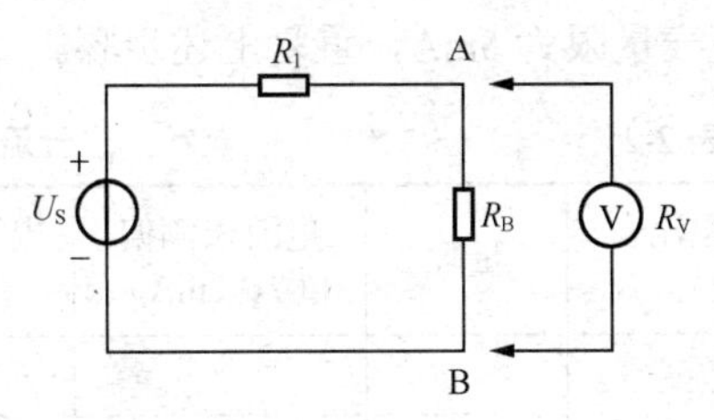

图 2-3　电压表内阻引入的误差

$$U_{AB}'=\frac{\dfrac{R_VR_B}{R_V+R_B}}{\dfrac{R_VR_B}{R_V+R_B}+R_1}U_S \tag{2-3}$$

测量值与理论计算值之间的绝对误差则为

$$\Delta U=U'_{AB}-U_{AB}=U_S\left[\frac{\dfrac{R_{VB}}{R_V+R_B}}{\dfrac{R_VR_B}{R_V+R_B+R_1}}-\frac{R_B}{R_1+R_B}\right] \tag{2-4}$$

由于 $R_{AB}<R_B$，所以 $U'_{AB}<U_{AB}$

即 $\Delta U<0$

若 $R_B=R_1=R_v$，则 $U'_{AB}=U_S/3$

其绝对误差为 $\Delta U=-U_S/6$

相对误差将变为 $\Delta U/U_{AB}\%=\dfrac{U'_{AB}-U_{AB}}{U_{AB}}\cdot 100\%=-33.3\%$

三、实验仪器与设备

实验仪器与设备见表 2-1。

表 2-1 实验仪器与设备

序号	名称	型号与规格	数量	备注
1	可调直流稳压电源	0～30V	1 台	RTDG01
2	可调恒流源	0～300mA	1 台	RTDG01
3	指针式万用表	MF-30 或其他	1 块	自备
4	可调电阻箱	0～99999.9Ω	1 个	RTDG08
5	电阻器	1kΩ，10kΩ，20kΩ	若干	RTDG08
6	实验板		1 块	RTDG02

四、实验内容与步骤

① 根据“分流法”原理测定 MF-30 型（或其他型号）万用表直流电流挡 0.5mA 和 5mA 两个量限的内阻，线路如图 2-1 所示。先将开关 S 断开，万用表置 0.5mA 挡，调恒流源输出电流 I_S，使电流表满偏；保持恒流源输出电流 I_S 不变，将开关 S 闭合，把分流电阻并入电路，调电阻箱 R_B 之值，使电流表指示为半偏。将数据记入表 2-2 中，并计算电流表内阻 R_A。改变电流表量限为 5mA，重复上述步骤。

表 2-2 “分流法”测电流表内阻

被测电流表型号	量限	电流表满偏值 I_A（mA）	电流表半偏值 $I_A/2$（mA）	R_1（Ω）	R_B（Ω）	计算电流表内阻 R_A（Ω）

② 根据“分压法”原理按图 2-2 接线，测定万用表直流电压挡 1V 和 5V 两个量限的内阻。先将开关 S→1，万用表置 1V 挡，调直流电压源输出 U_S，使电压表满偏；再将开关 S→2，将分压电阻接入电路，并保持电压源输出 U_S 不变，调电阻箱 R_B 使电压表指示为满偏时的一半，数据记入表 2-3 中，计算电压表内阻 R_V。改变量程，重复上述步骤。

表 2-3 “分压法”测电压表内阻

被测电压表型号	量限	电压表满偏值（V）	电压表半偏值（V）	R_1（kΩ）	R_B（kΩ）	计算内阻 R_V（kΩ）	S（Ω/V）
MF-30	1V						
	5V						

③ 测量仪表内阻引入的误差，电路如图 2-3 所示。定值电阻 R_1 和可变电阻 R_B 按表 2-4

取值，调直流电压源输出 U_S 为5V，万用表置直流电压5V挡，计算与测量 R_B 上的电压 U_{AB} 之值，并计算测量的绝对误差与相对误差，相应数据记入表2-4中。

表2-4 仪表内阻引入的误差

U_S	R_1	R_B	R_V（kΩ）	计算值 U_{AB}（V）	实测值 U'_{AB}（V）	绝对误差 ΔU	相对误差 $\Delta U/U_{AB}\times100\%$
5V	20（kΩ）	20kΩ					
		80 kΩ					

五、实验注意事项

① 直流稳压源和恒流源均可通过粗调（分段调）旋钮和细调（连续调）旋钮调节其输出量，并可显示其输出量的大小，启动实验台电源之前，应使其输出旋钮置于零位，实验时再缓慢地增、减输出，其数值的大小应由相应的测量仪表来监测。

② 稳压源的输出不允许短路，恒流源的输出不允许开路。

③ 电压表应与电路并联使用，电流表与电路串联使用，并且都要注意极性与量程的合理选择。

六、预习思考题

① 根据实验内容①和②，若已求出0.5mA挡和5V挡的内阻，可否直接计算得出5mA挡和10V挡的内阻？

② 用量程为10A的电流表测实际值为8A的电流时，实际读数为8.1A，求测量的绝对误差和相对误差。

③ 在伏安法测量电阻的两种电路（即电流表内接和外接电路）中，被测电阻的实际值为 R_X，电压表的内阻为 R_V，电流表的内阻为 R_A，求两种电路测电阻 R_X 的相对误差。

七、实验报告

① 列表记录实验数据，并计算各被测仪表的内阻值。

② 计算实验内容③的绝对误差与相对误差。

③ 对思考题的计算。

④ 本次实验的收获和体会。

实验二　减小仪表测量误差的方法

一、实验目的

① 进一步了解电压表、电流表的内阻在测量过程中产生的误差及其分析方法。

② 掌握减小仪表内阻引起的测量误差的方法。

二、原理说明

误差的出现有时是难以完全避免的。即使是理论计算，也会由于舍取有效位数的不适当而产生一定的误差。应尽可能利用合理的测试手段，达到在现有条件下产生的误差最小；当有一定误差时，也能做到对产生的误差原因心中有数，并能正确分析、估算误差值。减小因仪表内阻而产生的测量误差主要有以下两种方法。

1. 多量限两次测量计算法

当电压表的灵敏度不够高或电流表的内阻太大时，可以利用多量限仪表对同一被测量用不同量限进行两次测量，所得读数经计算后可得到比较准确的结果。

（1）多量限两次测量电压

如图 2-4 所示电路，欲测量具有较大内阻 R_o 的电动势 E 的开路电压 U_o 时，如果所用电压表的内阻 R_V 与 R_o 相差不大的话，将会产生很大的测量误差。

设电压表两挡量限的内阻分别为 R_{V_1} 和 R_{V_2}，在这两个不同量限下测得的开路电压值分别为 U_1 和 U_2，则由图 2-4 可得出

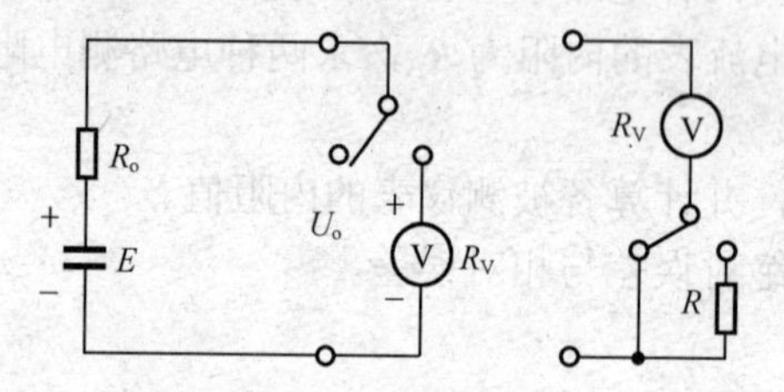

图 2-4　双量限测电压

$$U_1=\frac{R_{V_1}}{R_{V_1}+R_o}\times E \tag{2-5}$$

$$U_2=\frac{R_{V_2}}{R_{V_2}+R_o}\times E \tag{2-6}$$

由式（2-5）得

$$R_o=\left(\frac{E}{U_1}-1\right)R_{V_1} \tag{2-7}$$

将式（2-7）代入式（2-6）中解得 E，经化简后可得

$$E=U_o=\frac{U_1U_2(R_{V_1}-R_{V_2})}{U_1R_{V_2}-U_2R_{V_1}} \tag{2-8}$$

由式（2-8）可知，不论电源内阻 R_o 相对电压表的内阻 R_V 有多大，通过上述的两次测量结果，经计算后可以较准确地测量出开路电压 U_o 的大小。

（2）多量限两次测量电流

对于电流表，当其内阻较大时，也可用类似的方法测得准确的结果。测量如图 2-5 所示含源电路的电流，接入内阻为 R_A 的电流表 A 时，电路中的电流变为

$$I=\frac{E}{R_o+R_{A_1}} \tag{2-9}$$

如果 $R_A=R_o$，测出的电流将会出现很大的误差。

如果用两挡量限的电流表作两次测量，设其内阻分别为 R_{A_1} 和 R_{A_2}，按图 2-5 所示电路，两次测量得

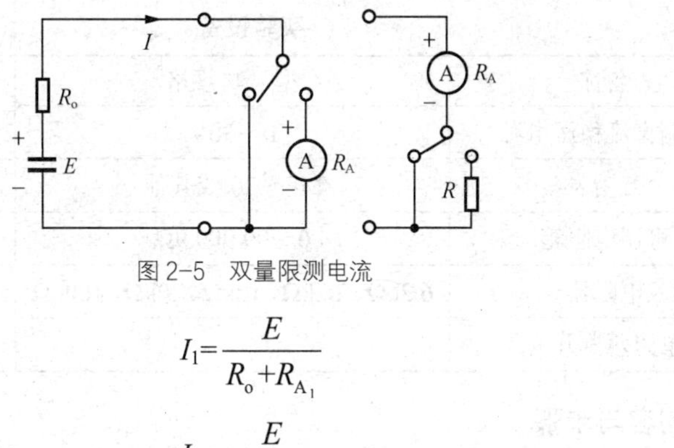

图 2-5　双量限测电流

$$I_1=\frac{E}{R_o+R_{A_1}}$$

$$I_2=\frac{E}{R_o+R_{A_2}}$$

解得
$$I=\frac{E}{R_o}=\frac{I_1I_2(R_{A_1}-R_{A_2})}{I_1R_{A_1}-I_2R_{A_2}} \tag{2-10}$$

经两次测量和上述计算，就可得到较准确的电流值。

2. 单量限两次测量计算法

如果电压表（或电流表）只有一挡量限，且电压表的内阻较小（或电流表的内阻较大）时，可用同一量限进行两次测量来减小测量误差。其中，第 1 次测量与一般的测量并无两样，只是在进行第 2 次测量时必须在电路中串入一个已知阻值的附加电阻。

（1）单量限电压测量

测量电路仍为图 2-4 所示含源电路的开路电压 U_o。设电压表的内阻为 R_V，第 1 次测量电压表的读数为 U_1，第 2 次测量时应与电压表串接一个已知阻值的电阻器 R，电压表读数为 U_2，由图可知

$$U_1=\frac{R_VE}{R_o+R_V}，\ U_2=\frac{R_VE}{R_o+R_V+R}$$

解上两式，可得

$$E=U_o=\frac{RU_1U_2}{R_V(U_1-U_2)} \tag{2-11}$$

（2）单量限电流测量

测量如图 2-5 所示含源电路的电流 I。设电流表的内阻为 R_A，第 1 次测量时将电流表直接串入电路，表的读数为 I_1；第 2 次测量时应与电流表串接一个已知阻值的电阻器 R，电流表读数为 I_2，由图可知

$$I_1=\frac{E}{R_o+R_A}\text{，}I_2=\frac{E}{R_o+R_A+R}$$

解得

$$I=\frac{E}{R_o}=\frac{I_1I_2R}{I_2(R_A+R)-I_1R_A} \tag{2-12}$$

由上述分析计算可知，采用多量限仪表两次测量法或单量限仪表两次测量法，不管电表内阻如何，总可以通过两次测量和计算得到比单次测量准确得多的结果。

三、实验设备

实验设备见表 2-5。

表 2-5　　实验设备

序号	名称	型号与规格	数量	备注
1	可调直流稳压电源	0～30V	1 台	RTDG01
2	万用表	MF～30 或其他	1 块	自备
3	可调电阻箱	0～99 999.9Ω	1 个	RTDG08
4	电阻器	6.2kΩ、8.2kΩ、10kΩ、20kΩ、100kΩ	若干	RTDG08
5	单刀两掷开关		1 个	RTDG08

四、实验内容与步骤

1. 双量限电压表两次测量法

① 按图 2-4 所示连接电路，选 R_o=20 kΩ，调直流稳压电源的输出，使 $E=U_o=2$ V。

② 用万用表的直流电压 1 V 和 5 V 两挡量限进行两次测量，记录数据，其内阻值参照 2.1 实验的结果。

③ 根据公式算出开路电压 U_o 之值，并记入表 2-6 中。

表 2-6　　双量限两次测量开路电压

电压表量限	双量限内阻值 R_V(kΩ)	双量限测量值 U_1,U_2(V)	理论值 U_o(V)	测算值 U_o'(V)	绝对误差 ΔU(V)	相对误差 $\Delta U/U_o\times100\%$
1V						
5V						

2. 单量限电压表两次测量法

实验线路同上，电源电压仍取 $E=U_o=2$V，R_o=20 kΩ，用上述万用表直流电压 1 V 量限挡，串接 R=10 kΩ 的附加电阻器进行两次测量，根据式（2-11）计算开路电压 U_o 之值，数据记入表 2-7 中。

表 2-7　　单量限两次测量开路电压

理论值	两次测量值		测量计算值	绝对误差	相对误差
U_o(V)	U_1(V)	U_2(V)	U_o'(V)	ΔU(V)	$\Delta U/U\times100\%$
2					

3. 双量限电流表两次测量法

① 按图 2-5 线路进行实验，调节直流电压源 E=3V，取 R_o=6.2kΩ。

② 用万用表 0.5 mA 和 5 mA 两挡电流量限进行两次测量，双量限内阻值参照 2.1 实验的结果。

③ 依据式（2-10）计算出电路中电流值 I，并根据表 2-8 记录各数据。

表 2-8 双量限两次测量电路电流

电流表量限	电流表内阻值 $R_A(\Omega)$	双量限测量值 I_1，I_2(mA)	理论值 $I=E/R_0$(mA)	测算值 I'(mA)	绝对误差 ΔI(mA)	相对误差 $\Delta I/I\times100\%$
0.5mA						
5mA						

4. 单量限电流表两次测量法

实验线路同上，用万用表 0.5mA 电流量限，串联附加电阻 R＝8.2kΩ 进行两次测量，根据公式（2-12）求出电路中的实际电流 I 之值和误差值，数据记入表 2-9 中。

表 2-9 单量限两次测量电路电流

电流表量限	内阻值	串联电阻值	两次测量值	理论值	测算值	绝对误差	相对误差
	$R_A(\Omega)$	$R(\Omega)$	I_1(mA)	I_2(mA)	$I=E/R_0$(mA)	I'(mA)	$\Delta I'$(mA) $\Delta I/I\times100\%$

五、实验注意事项

同 2.1 实验。

六、预习思考题

① 用带有一定内阻的电压表测出的端电压值为何比实际值偏小？

② 用具有一定内阻的电流表测出的支路电流值为何比实际值偏小？

③ 如何减小因仪表内阻而产生的测量误差？主要有几种方法？

④ 双量限两次测量法和单量限两次测量法的依据是什么？主要区别在哪里？

⑤ 实验中所用的万用表是精确仪表，在一般情况下，直接测量误差不会太大，只有当被测电压源的内阻＞1/5 电压表内阻或者被测电流源内阻≪5 倍电流表内阻时，采用本实验测量，计算法才能得到满意的结果。

七、实验报告

① 完成各项实验数据的测量与计算。

② 本次实验的收获与体会。

实验三 电路元件伏安特性的测试

一、实验目的

① 学会识别常用电路元件的方法。

② 掌握线性电阻、非线性电阻元件伏安特性的测试方法。

③ 熟悉实验台上直流电工仪表和设备的使用方法。

二、原理说明

电路元件的特性一般可用该元件上的端电压U与通过该元件的电流I之间的函数关系$I=f(U)$来表示，即用I-U平面上的一条曲线来表征，这条曲线称为该元件的伏安特性曲线。电阻元件是电路中最常见的元件，有线性电阻和非线性电阻之分。实际电路中很少是仅由电源和线性电阻构成的“电平移动”电路，而非线性器件却常常有着广泛的使用，例如非线性元件二极管具有单向导电性，可以把交流信号变换成直流量，在电路中起着整流作用。

万用表的欧姆挡只能在某一特定的U和I下测出对应的电阻值，因而不能测出非线性电阻的伏安特性。一般是用含源电路“在线”状态下测量元件的端电压和对应的电流值，进而由公式$R=U/I$求测电阻值。

线性电阻器的伏安特性符合欧姆定律$U=RI$，其阻值不随电压或电流值的变化而变化，伏安特性曲线是一条通过坐标原点的直线，如图 2-6（a）所示，该直线的斜率等于该电阻器的电阻值。

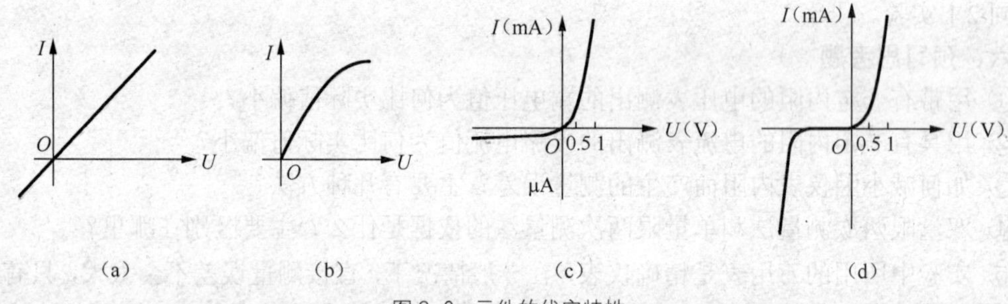

图 2-6 元件的伏安特性

白炽灯可以视为一种电阻元件，其灯丝电阻随着温度的升高而增大。一般灯泡的“冷电阻”与“热电阻”的阻值可以相差几倍至十几倍。通过白炽灯的电流越大，其温度越高，阻值也越大，即对一组变化的电压值和对应的电流值，所得U/I不是一个常数，所以它的伏安特性是非线性的，如图 2-6（b）所示。

半导体二极管也是一种非线性电阻元件，其伏安特性如图 2-6（c）所示。二极管的电阻值随电压或电流的大小、方向的改变而改变。它的正向压降很小（一般锗管为 0.2～0.3 V，硅管为 0.5～0.7 V），正向电流随正向压降的升高而急剧上升，而反向电压从零一直增加到十几至几十伏时，其反向电流增加很小，粗略地可视为零。发光二极管正向电压在 0.5～2.5 V 时，正向电流有很大变化。可见二极管具有单向导电性，但反向电压加得过高，超过管子的极限值，则会导致管子击穿损坏。

稳压二极管是一种特殊的半导体二极管，其正向特性与普通二极管类似，但其反向特性较特殊，如图 2-6（d）所示。给稳压二极管加反向电压时，其反向电流几乎为零，但当电压增加到某一数值时，电流将突然增加，以后它的端电压将维持恒定，不再随外加反向电压的升高而增大，这便是稳压二极管的反向稳压特性。实际电路中，可以利用不同稳压值的稳压管来实现稳压。

三、实验设备

实验设备见表 2-10。

表 2-10 实验设备

序号	名称	型号与规格	数量	备注
1	可调直流稳压电源	0～30V	1 台	RTDG01
2	万用表	MF-30 或其他	1 块	
3	直流数字毫安表		1 块	RTT01
4	直流数字电压表		1 块	RTT01
5	二极管	2CP15 或其他	1 个	RTDG08
6	稳压管	2CW51	1 个	RTDG08
7	白炽灯	12V	1 个	RTDG08
8	线性电阻器	1kΩ/1W	1 个	RTDG08

四、实验内容与步骤

（1）线性电阻器伏安特性

测定按图 2-7 接线，调节稳压电源 U_S 的数值，测出对应的电压表和线性电阻器伏安特性电流表的读数记入表 2-11 中。

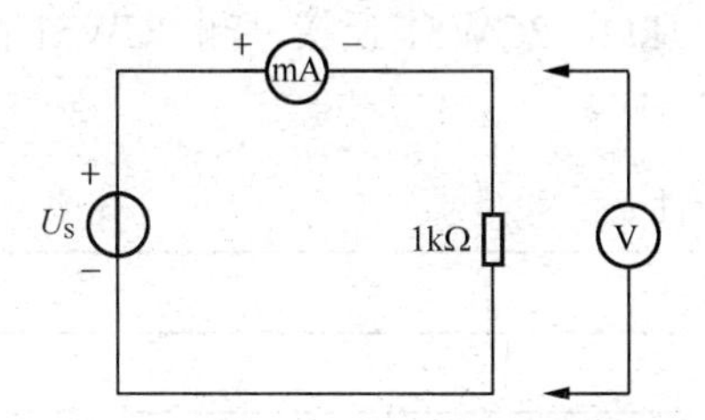

图 2-7 线性电阻、白炽灯伏安特性测定

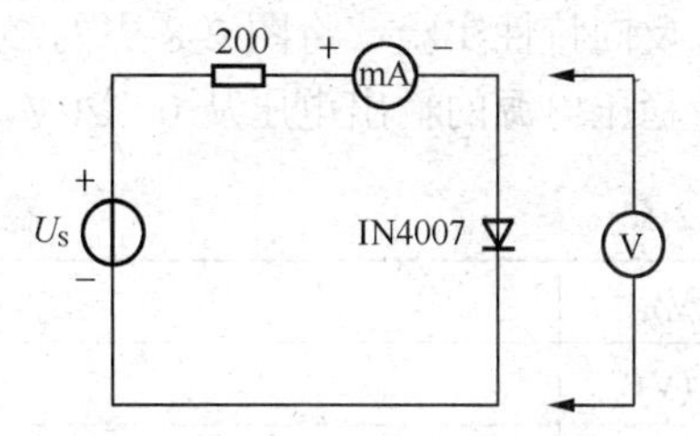

图 2-8 半导体二极管伏安特性测定

表 2-11 线性电阻器的伏安特性

U_R(V)	0	2	4	6	8	10
I(mA)						

（2）测量白炽灯泡的伏安特性

把图 2-7 中的电阻换成 12V、0.1A 的小灯泡，重复（1）中的测试内容，数据记入表 2-12 中。U_L 为灯泡的端电压。

表 2-12 白炽灯泡的伏安特性

U_L(V)	0.1	0.5	1	2	3	4	5
I(mA)							

（3）测定半导体二极管的伏安特性

按图 2-8，200 Ω 为限流电阻，先测二极管的正向特性，正向压降可在 0～0.75 V 取值。

特别是在曲线的弯曲部分（0.5～0.75 V）适当的多取几个测量点，其正向电流不得超过 45 mA，所测数据记入表 2-13 中。

表 2-13　　二极管正向特性实验

U_D^+(V)	0	0.4	0.5	0.55	0.6	0.65	0.68	0.70	0.72	0.75
I(mA)										

作反向特性实验时，需将二极管 D 反接，其反向电压可在 0～30V 取值，所测数据记入表 2-14 中。

表 2-14　　二极管反向特性实验

U_D^+(V)	0	−5	−10	−15	−20	−25	−30
I(mA)							

（4）测定稳压二极管的伏安特性

① 将图 2-8 中的二极管换成稳压二极管（2CW51），重复实验内容（3）的测量数据记入表 2-15 中。

表 2-15　　稳压二极管正向特性

U_Z^+(V)	
I(mA)	

②反向特性实验：将图 2-8 中的 200Ω 电阻换成 1kΩ，2CW51 反接，测 2CW51 的反向特性，稳压电源的输出电压从 0～20V，并填入表 2-16 中。

表 2-16　　稳压二极管反向特性

U(V)	
U_Z^+(V)	
I(mA)	

五、实验注意事项

① 测二极管正向特性时，稳压电源输出应由小至大逐渐增加，应时刻注意电流表读数不得超过 25mA，稳压源输出端切勿碰线短路。

② 进行上述实验时，应先估算电压和电流值，合理选择仪表的量程，并注意仪表的极性。

③ 如果要测 2AP9 的伏安特性，则正向特性的电压值应取 0，0. 1，0. 13，0. 15，0. 17，0. 19，0.21，0.24，0.30（V），反向特性的电压应取 0，2，4，6，8，10（V）。

六、预习思考题

① 线性电阻与非线性电阻的概念是什么？电阻器与二极管的伏安特性有何区别？

② 若元件伏安特性的函数表达式为 $I=f(U)$，在描绘特性曲线时，其坐标变量应如何放置？

③ 稳压二极管与普通二极管有何区别，其用途如何？

七、实验报告

① 根据实验结果和表中数据，分别在坐标纸上绘制出各自的伏安特性曲线（其中二极管

和稳压管的正、反向特性均要求画在同一张图中，正、反向电压可取为不同的比例尺)。

② 对本次实验结果进行适当的解释，总结、归纳被测各元件的特性。

③ 必要的误差分析。

④ 总结本次实验的收获。

实验四　电位、电压的测定及电路电位图的绘制

一、实验目的

① 明确电位和电压的概念，验证电路中电位的相对性和电压的绝对性。

② 掌握电路电位图的绘制方法。

二、原理说明

1. 电位与电压的测量

在一个确定的闭合电路中，各点电位的高低视所选的电位参考点的不同而变，但任意两点间的电位差（即电压）则是绝对的，它不因参考点电位的变动而改变。据此性质，可用一只电压表来测量出电路中各点的电位及任意两点间的电压。

2. 电路电位图的绘制

在直角平面坐标系中，以电路中的电位值作纵坐标，电路中各点位置（电阻）作横坐标，将测量到的各点电位在该坐标平面中标出，并把标出点按顺序用直线相连接，就可得到电路的电位变化图。每一段直线段即表示该两点间电位的变化情况，直线的斜率表示电流的大小。对于一个闭合回路，其电位变化图形是封闭的折线。

以图 2-9（a）所示电路为例，若电位参考点选为 a 点，选回路电流 I 的方向为顺时针（或逆时针）方向，则电位图的绘制应从 a 点出发，沿顺时针方向绕行作出的电位图如图 2-9（b）所示。

① 将 a 点置坐标原点，其电位为 0。

② 自 a 至 b 的电阻为 R_3，在横坐标上按比例取线段 R_3，得 b 点，根据电流绕行方向可知 b 点电位应为负值，$\Phi_b=-IR_3$，即 b 点电位比 a 点低，故从 b 点沿纵坐标负方向取线段 IR_3，得 b′点。

③ 由 b 到 c 为电压源 E_1，其内阻可忽略不计，则在横坐标上 c、b 两点重合，由 b 到 c 电位升高值为 E_1，即 $\Phi_c-\Phi_b=E_1$，则从 b′点沿纵坐标正方向按比例取线段 E_1，得点 c′，即线段 b′c′$=E_1$。

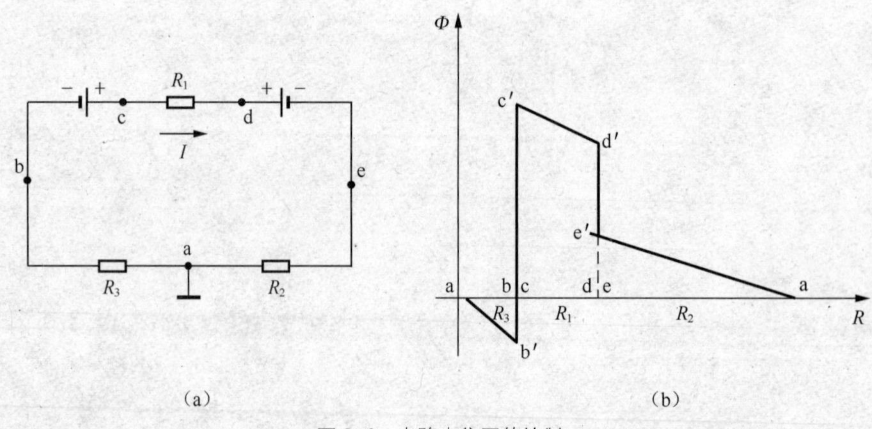

图 2-9　电路电位图的绘制

依此类推，可作出完整的电位变化图。

由于电路中电位参考点可任意选定，对于不同的参考点，所绘出的电位图形是不同的，但其各点电位变化的规律却是一样的。在作电位图或实验测量时必须正确区分电位和电压的高低，按照惯例，应先选取回路电流的方向，以该方向上的电压降为正。所以，在用电压表测量时，若仪表指针正向偏转，则说明电表正极的电位高于负极的电位。

三、实验设备

实验设备见表2-17。

表2-17 实验设备

序号	名称	型号与规格	数量	备注
1	直流稳压电源	0～30V	1台	RTDG01
2	直流数字电压表		1块	RTT01
3	直流数字毫安表		1块	RTT01
4	实验电路板挂箱		1个	RTDG02

四、实验内容

实验线路如图2-10和图2-11所示，用户可根据自己使用的实验挂箱选用其中之一。

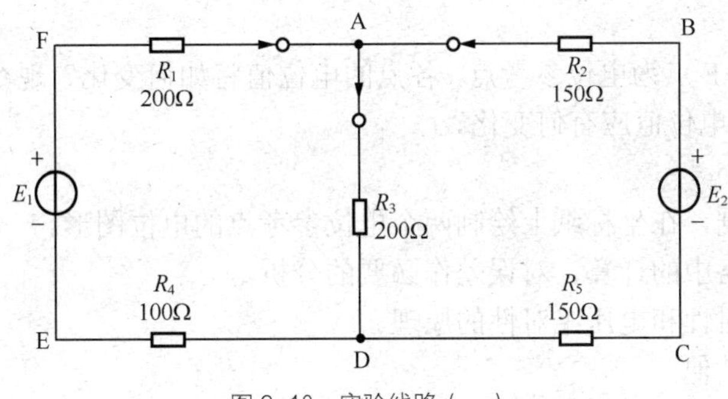

图2-10 实验线路（一）

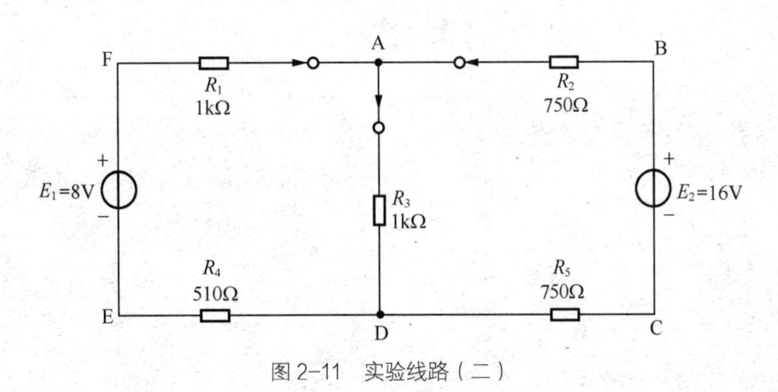

图2-11 实验线路（二）

① 以图2-10中的A点作为电位参考点，分别测量B、C、D、E、F各点的电位值Φ及相邻两点之间的电压值U_{AB}、U_{BC}、U_{CD}、U_{DE}、U_{EF}及U_{FA}，数据列于表2-18中。

② 以D点作为参考点，重复实验内容①的步骤，测得数据记入表2-18中。

表 2-18 电位与电压的测量

电位参考点	Φ与U(V)	Φ_A	Φ_B	Φ_C	Φ_D	Φ_E	Φ_F	U_{AB}	U_{BC}	U_{CD}	U_{DE}	U_{EF}	U_{FA}
A	计算值												
	测量值												
	相对误差												
D	计算值												
	测量值												
	相对误差												

五、实验注意事项

① 实验线路板系多个实验通用，本次实验中不使用电流插头和插座。

② 测量电位时，用指针式电压表或用数字直流电压表测量时，用黑色负表笔接电位参考点，用红色正表笔接被测各点，若指针正向偏转或显示正值，则表明该点电位为正（即高于参考点电位）；若指针反向偏转或显示负值，此时应调换万用表的表笔，然后读出数值，此时在电位值之前应加一负号（表明该点电位低于参考点电位）。

③ 恒压源读数以接负载后为准。

六、思考题

实验电路中若以 F 点为电位参考点，各点的电位值将如何变化？现令 E 点作为电位参考点，试问此时各点的电位值应有何变化？

七、实验报告

① 根据实验数据，在坐标纸上绘制两个电位参考点的电位图形。

② 完成数据表格中的计算，对误差作必要的分析。

③ 总结电位相对性和电压绝对性的原理。

④ 心得体会及其他。

实验五 基尔霍夫定律

一、实验目的

① 验证基尔霍夫定律，加深对基尔霍夫定律的理解。

② 学会用电流插头、插座测量各支路电流的方法。

③ 学习检查、分析电路简单故障的能力。

二、预习要求

复习理论知识中关于基尔霍夫定律的相关内容，认真阅读指导书，写好预习报告（预习报告书写要求见本书前面的《学生必读》）。

三、实验原理

基尔霍夫定律是电路的基本定律，测量某电路的支路电流或多个元件两端的电压，应能分别满足基尔霍夫电流定律和电压定律。即对电路中的任何一个节点而言，电路中任意瞬间流进和流出这个节点的电流的代数和等于零，即$\sum I=0$；对任何一个闭合回路而言，电路中任意瞬间沿这个闭合回路的各元件的电势的代数和等于零，即$\sum U=0$。

运用上述定律时必须注意电流的参考方向，此方向可预先设定。

四、实验设备

实验室中使用的设备见表2-19。

表2-19 实验室中使用的设备

序号	名称	型号与规格	数量	备注
1	直流稳压电源	0～30V	二路	
2	直流数字电压表		1个	
3	直流数字毫安表		1个	
4	基尔霍夫定律实验电路板		1块	

五、实验内容

测量电路中的电压和电流，验证基尔霍夫定律。

六、实验步骤

1. 验证基尔霍夫定律

实验线路如图2-12所示。

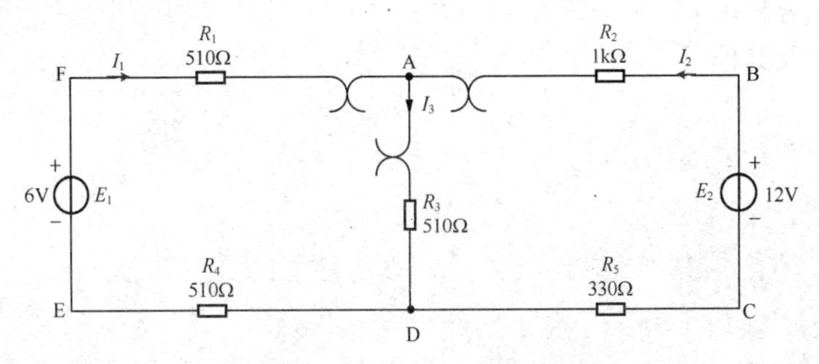

图2-12 基尔霍夫定律实验电路图

① 实验前先任意设定3条支路的电流参考方向，如图中的I_1，I_2，I_3所示。

② 分别将两路直流稳压电源接入电路，令E_1=6V，E_2=12V。

③ 熟悉电流插入的结构，将电流插头的两端接到直流数字毫安表的“+”“−”两端。

④ 将电流插头分别插入3条支路的3个电流插座中，读出并记录电流值。实验数据记录在表2-20中。

表2-20　验证基尔霍夫定律实验数据表

被测量	I_1(mA)	I_2(mA)	I_3(mA)	E_1(V)	E_2(V)	U_{FA}(V)	U_{AB}(V)	U_{AD}(V)	U_{CD}(V)	U_{DE}(V)
测量值										
计算值										
相对误差（%）										

⑤ 用直流数字电压表分别测量两路电源及电阻元件上的电压值，实验数据记录在表5-2中。

2. 分析电路中的基本故障（选做）

按下面板上的故障按钮，3种方案任选，按表2-20测量各实验数据并分析故障原因，提出解决方案。

七、实验注意事项

① 所有需要测量的电压值均以电压表测量的读数为准，不以电源表盘为准。

② 用电流插头测量各支路电流时应注意仪表的极性及数据表格中“+”“−”号的记录。

③ 注意及时更换仪表量程。

八、实验思考题

① 根据图2-12的电路参数，计算出待测电流I_1，I_2，I_3和各电阻的电压值，记入表2-20中，以便实验测量时，可正确地选定毫安表和电压表的量程。

② 在图2-12的电路中，A、D两结点的电流方程是否相同？为什么？

③ 实验中，若用指针万用表直流毫安挡测各支路电流，什么情况下可能出现毫安表指针反偏，应如何处理？在记录数据时应注意什么？若用直流数字毫安表进行测量时，则会有什么显示呢？

九、实验报告

① 要求整齐、简洁填写报告中各项要求和数据。

② 根据实验数据，选定实验电路中的任何一个节点，验证KCL的正确性。选定任何一个闭合回路，验证KVL的正确性。

③ 误差原因分析。

④ 心得体会及其他。

实验六 电压源与电流源的等效变换

一、实验目的

① 掌握电源外特性的测试方法。

② 验证电压源与电流源等效变换的条件。

③ 学习自行设计实验电路、自行安排实验步骤，能够对实验数据进行分析。

二、预习要求

复习理论知识中关于电压源外特性及等效变换的相关内容，认真阅读指导书，写好预习报告（预习报告书写要求见本书前面的《学生必读》）。

三、实验原理

① 一个理想的电压源在一定的电流范围内，具有很小的内阻，其输出电压不随负载电流而变，其外特性曲线即伏安特性曲线 $U=f(I)$是一条平行于 I 轴的直线；一个理想的电流源在一定的电压范围内，具有很大的内阻，其外特性曲线即伏安特性曲线 $U=f(I)$是一条平行于 U 轴的直线。

② 一个实际的电压源（或电流源），其输出电压（或输出电流）是随负载的改变而变化的，因为它具有一定的内阻值。故在实验中，用一个小阻值的电阻（或大阻值的电阻）与稳压源（或恒流源）相串联（或并联）来模拟一个实际的电压源（或电流源）。

③ 一个实际的电源，就其外部特性而言，既可以看成是一个电压源，又可以看成是一个电流源。若视为一个电压源，则可用一个理想的电压源 U_S 与一个电阻 R_o 相串联的电路模型来表示；若视为电流源，则可用一个理想的电流源 I_S 与一个电阻 R_o 相并联的电路模型来表示。如果这两种电源具有相同的外特性，则称这两个电源是等效的。G_0 代表电导。

一个电压源与一个电流源等效变换的条件为

$$I_S = \frac{U_S}{R_o}, G_0 = \frac{1}{R_o} \text{ 或 } U_S = I_S R_o, R_o = \frac{1}{G_0}$$

四、实验设备

实验室可选用的设备见表 2-21。

表 2-21 实验室可选用的设备

序号	名称	型号与规格	数量	备注
1	可调直流稳压电源	0～30V	1 个	
2	可调直流恒流源	0～200mA	1 个	
3	直流数字电压表		1 个	
4	直流数字毫安表		1 个	
5	万用表		1 个	
6	可调电阻箱/NEEL-23 组件	0～99 999.9 Ω	1 个	
7	电位器/NEEL-23 组件	0～1k Ω /2W	1 个	

五、实验内容

① 设计实验方案，掌握电源外特性的测量方法。

② 设计实验方案，掌握电压源与电流源的等效变换条件。

六、实验步骤

1. 测定电压源的外特性

① 设计实验方案。

② 按设计好的实验方案在实验台上选择器件并接线。

③ 记录理想电压源输出电压及电流的实验数据，并对实验结果加以说明。

④ 记录实际电压源输出电压及电流的实验数据，并对实验结果加以说明。

2. 测定电流源的外特性

① 设计实验方案。

② 按设计好的实验方案在实验台上选择器件并接线。

③ 记录理想电流源输出电压及电流的实验数据，并对实验结果加以说明。

④ 记录实际电流源输出电压及电流的实验数据，并对实验结果加以说明。

3. 测定电源等效变换的条件

① 设计实验方案。

② 按设计好的实验方案在实验台上选择器件并接线。

③ 按设计电路图接上电压源记录实际电压源电路中负载的电流和电压值。

④ 按设计电路图接上电流源，调节恒流源的输出电流 I_S 使负载中的电压和电流与步骤③相等，记录 I_S 值。

注意：以上③、④两步实验要求负载不变。

对实验结果加以说明并验证等效变换条件的正确性。

七、实验注意事项

① 学生进入实验室，要保持室内整洁和安静。注意人身和设备安全，遇到事故或出现异常现象，应立即切断电源，保持现场并报告指导教师处理。

② 按照预习报告选择所需仪器及元器件，正确连接线路，经指导教师检查方可进行下一步实验，认真记录实验结果和实验现象。

③ 换接线路时，必须关闭电源开关，直流仪表的接入应注意极性与量程。

④ 在测电压源外特性时，不要忘记测空载时的电压值；测电流源外特性时，不要忘记测短路时的电流值，注意恒流源负载电压不可超过 20 V，负载更不可开路。

八、实验思考题

① 电压源与电流源的外特性为什么呈下降变化趋势，恒压源和恒流源的输出在任何负载下是否保持恒值？

② 直流稳压电源的输出端为什么不允许短路？直流恒流源的输出端为什么不允许开路？

③ 实际电源的外特性为什么呈下降变化趋势，下降的快慢受哪个参数影响？

九、实验报告

① 从实验结果，验证电源等效变换的条件。

② 心得体会及其他。

实验七　线性电路的叠加原理

一、实验目的

① 验证线性电路的叠加原理。

② 了解叠加原理的应用场合。

③ 理解线性电路的齐次性。

二、预习要求

复习理论知识中关于叠加原理的相关内容，认真阅读指导书，写好预习报告（预习报告书写要求见本书前面的《学生必读》）。

三、实验原理

叠加原理指出，在有几个独立源共同作用下的线性电路中，通过每一个元件的电流或其两端的电压，可以看成是由每一个独立源单独作用时在该元件上所产生的电流或电压的代数和。

线性电路的齐次性是指当激励信号（某独立源的值）增加 K 倍或减小到 $\frac{1}{K}$ 时，电路的响应也将相应增加 K 倍或减小到 $\frac{1}{K}$。

四、实验设备

实验室可选用的设备见表 2-22。

表 2-22　　实验室可选用的设备

序号	名称	型号与规格	数量	备注
1	直流稳压电源	0～30V	二路	
2	直流数字电压表		1 个	
3	直流数字毫安表		1 个	
4	基尔霍夫定律实验电路板		1 块	

五、实验内容

测量电路中的电压和电流，验证叠加原理和齐次性。

六、实验步骤

① 按图 2-13（或图 2-14），取 E_1=+12V。E_2 = +6V。

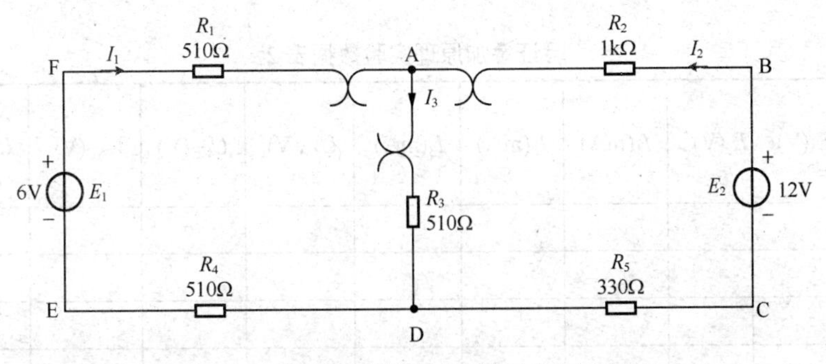

图 2-13　验证叠加原理实验电路图（DGJ-3 型）

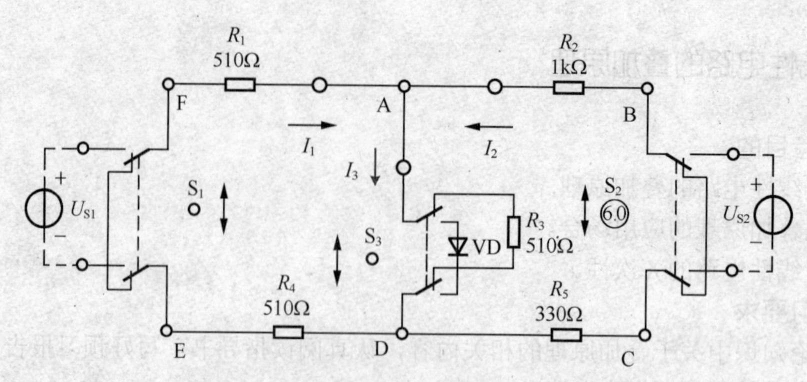

图 2-14 验证叠加原理实验电路图（NEEL－Ⅱ型）

② 令 E_1 电源单独作用时（将开关 S_1 投向 E_1 侧，开关 S_2 投向短路侧），用直流数字电压表和毫安表（接电流插头）测量各支路电流及各电阻元件两端的电压，实验数据记录在表 2-23 中。

③ 令 E_2 电源单独作用时（将开关 S_1 投向短路侧，开关 S_2 投向 E_2 侧）。重复实验步骤②的测量和记录。实验数据记录在表 2-23 中。

④ 令 E_1 和 E_2 共同作用时（开关 S_1 和 S_2 分别投向 E_1 和 E_2 侧），重复上述的测量和记录。实验数据记录在表 2-24 中。

⑤ 将 E_2 的数值调至+12V，重复上述③的测量并记录。实验数据记录在表 2-23 中。

⑥ 将 R_5（或 R_3）换成一只二极管（即将开关投向 S_3 二极管 D 侧）重复①～⑤的测量过程，实验数据记录在表 2-24 中。

表 2-23 验证叠加原理实验数据表 1

测量 \ 项目	E_1(V)	E_2(V)	I_1(mA)	I_2(mA)	I_3(mA)	U_{AB}(V)	U_{CD}(V)	U_{AD}(V)	U_{DE}(V)	U_{FA}(V)
E_1 单独作用										
E_2 单独作用										
E_1,E_2 共同作用										
$2E_2$ 单独作用										

表 2-24 验证叠加原理实验数据表 2

测量 \ 项目	E_1(V)	E_2(V)	I_1(mA)	I_2(mA)	I_3(mA)	U_{AB}(V)	U_{CD}(V)	U_{AD}(V)	U_{DE}(V)	U_{FA}(V)
E_1 单独作用										
E_2 单独作用										
E_1,E_2 共同作用										
$2E_2$ 单独作用										

七、实验注意事项

① 所有需要测量的电压值均以电压表测量的读数为准，不以电源表盘为准。

② 用电流插头测量各支路电流时应注意仪表的极性及数据表格中“+”“-”号的记录。

③ 注意及时更换仪表量程。

④ 电压源单独作用时，去掉另一个电源，只能在实验板上用开关 S_1 或 S_2 操作，而不能直接将电压源短路。

八、实验思考题

① 叠加原理中分别单独作用，在实验中应如何操作？可否直接将不作用的电源（E_1 或 E_2）置零（短接）？为什么？

② 实验电路中，若有一个电阻元件改为二极管，试问叠加性还成立吗？为什么？

九、实验报告

① 要求整齐、简洁填写报告中各项要求和数据。

② 根据实验数据表格，进行分析、比较、归纳、总结实验结论，即验证线性电路的叠加性与齐次性。

③ 心得体会及其他。

实验八　戴维南定理和诺顿定理

一、实验目的

① 验证戴维南定理和诺顿定理的正确性，加深对两个定理的理解。

② 掌握含源二端网络等效参数的一般测量方法。

③ 验证最大功率传递定理。

二、原理说明

戴维南定理与诺顿定理在电路分析中是一对“对偶”定理，用于复杂电路的化简，特别是当“外电路”是一个变化的负载的情况。

在电子技术中，常需在负载上获得电源传递的最大功率。选择合适的负载，可以获得最大的功率输出。

1. 戴维南定理

任何一个线性有源网络，总可以用一个含有内阻的等效电压源来代替，此电压源的电动势 E_s 等于该网络的开路电压 U_{oc}，其等效内阻 R_o 等于该网络中所有独立源均置零（理想电压源视为短接，理想电流源视为开路）时的等效电阻。

2. 诺顿定理

任何一个线性含源单口网络，总可以用一个含有内阻的等效电流源来代替，此电流源的电流 I_s 等于该网络的短路电流 I_{sc}，其等效内阻 R_o 等于该网络中所有独立源均置零时的等效电阻。

U_{oc}、I_{sc} 和 R_o 称为有源二端网络的等效参数。

3. 最大功率传递定理

在线性含源单口网络中，当把负载 R_L 以外的电路用等效电路（E_s+R_o 或 I_s // R_o）取代时，若使 R_L=R_o,则可变负载 R_L 上恰巧可以获得最大功率。

$$P_{MAX}=I_{sc}2 \cdot R_L/4=U_{oc}2/4R_L \tag{2-13}$$

4. 有源二端网络等效参数的测量方法

（1）开路电压 U_{oc} 的测量方法

① 直接测量法：直接测量法是在含源二端网络输出端开路时，用电压表直接测其输出端的开路电压 U_{oc}，如图 2-15（a）所示。它适用于等效内阻 R_o 较小，且电压表的内阻 $R_v>>R_o$ 的情况下。

② 零示法：在测量具有高内阻（$R_o>>R_v$）含源二端网络的开路电压时，用电压表进行直接测量会造成较大的误差，为了消除电压表内阻的影响，往往采用零示测量法，如图 2-15（b）所示。

零示法测量原理是用一低内阻的稳压电源与被测有源二端网络进行比较，当稳压电源的输出电压 E_s 与有源二端网络的开路电压 U_{oc} 相等时，电压表的读数将为“0”，然后将电路断开，测量此时稳压电源的输出电压，即为被测有源二端网络的开路电压。

（2）短路电流 I_{sc} 的测量方法

① 直接测量法：是将有源二端网络的输出端短路，用电流表直接测其短路电流 I_{sc}。此方法适用于内阻值 R_o 较大的情况。若二端网络的内阻值很低，会使 I_{sc} 很大，则不宜直接测其短路电流。

② 间接计算法：是在等效内阻 R_o 已知的情况下，先测出开路电压 U_{oc}，再由 $I_{sc}=U_{oc}/R_o$ 计算得出。

（3）等效内阻 R_o 的测量方法

① 直接测量法：将有源二端网络电路中所有独立源去掉，用万用表的欧姆挡测量去掉外电路后的等效电阻 R_o。

② 加压测流法：将含源网络中所有独立源去掉，在开路端加一个数值已知的独立电压源 E，如图 2-16 所示，并测出流过电压源的电流 I，则 $R_o=E/I$。

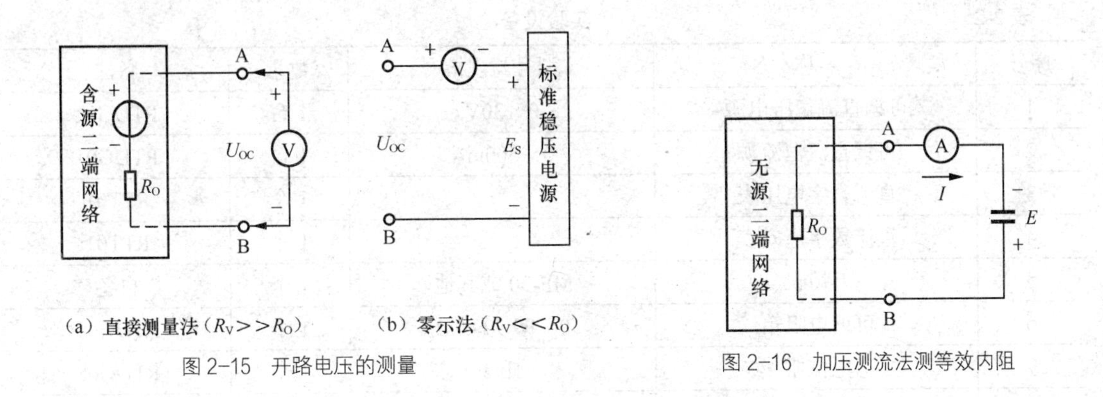

图 2-15　开路电压的测量

图 2-16　加压测流法测等效内阻

③ 开路、短路法：分别将有源二端网络的输出端开路和短路，根据测出的开路电压和短路电流值进行计算：$R_o=U_{oc}/I_{sc}$。

④ 伏安法：伏安法测等效内阻的连接线路如图 2-17（a）所示，先测出有源二端网络伏安特性如图 2-17（b）所示，再测出开路电压 U_{oc} 及电流为额定值 I_N 时的输出端电压值 U_N，根据外特性曲线中的几何关系，则内阻为

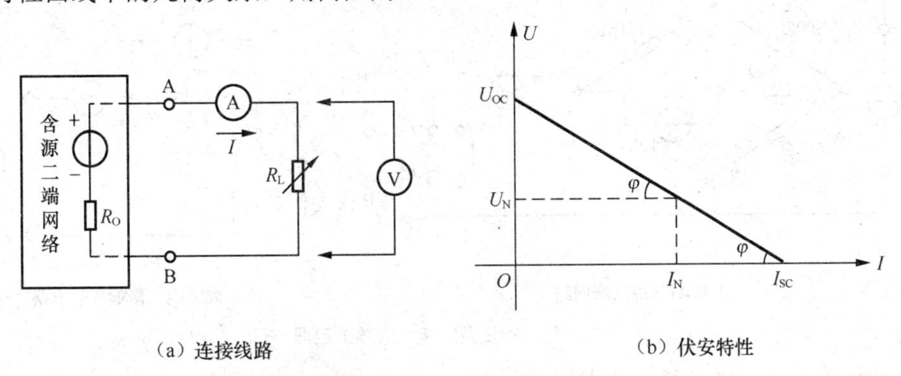

图 2-17　伏安法测等效内组

$$R_o=\tan\varphi=\frac{U_{oc}}{I_{sc}}=\frac{U_{oc}-U_N}{I_N} \tag{2-14}$$

⑤ 半电压法：调被测有源二端网络的负载电阻 R_L，当负载电压为被测有源二端网络开路电压 U_{oc} 的一半时，负载电阻值（由电阻箱的读数确定）即为被测有源二端网络的等效内阻值。

⑥外电加阻法：先测出有源二端有网络的开路电压 U_{oc}，然后在开路端接一个已知数值的电阻 r，并测出其端电压 U_r，则

$$\frac{U_{oc}}{R_o+r}=\frac{U_r}{r} \tag{2-15}$$

即

$$R_o=(U_{oc}/U_r-1)r \tag{2-16}$$

实际电压源和电流源都具有一定的内阻，不能与电源本身分开。所以在去掉电源时，其内阻也去掉了，因此会给测量带来误差。

三、实验设备

实验设备见表 2-25。

表 2-25　实验设备

序号	名称	型号与规格	数量	备注
1	可调直流稳压电源	0～30V	1 台	RTDG01
2	可调直流恒流源	0～500mA	1 台	RTDG01
3	直流数字电压表		1 个	RTT01
4	直流数字毫安表		1 个	RTT01
5	万用表	MF-30 或其他	1 个	自备
6	可调电阻箱	0～99 999.9Ω	1 个	RTDG08
7	电位器	1kΩ	1 个	RTDG08
8	戴维南定理实验电路板		1 块	RTDG02

四、实验内容与步骤

被测有源二端网络如图 2-18（a）和图 2-19（a）所示，用户可根据自己使用的实验箱选择其中之一。

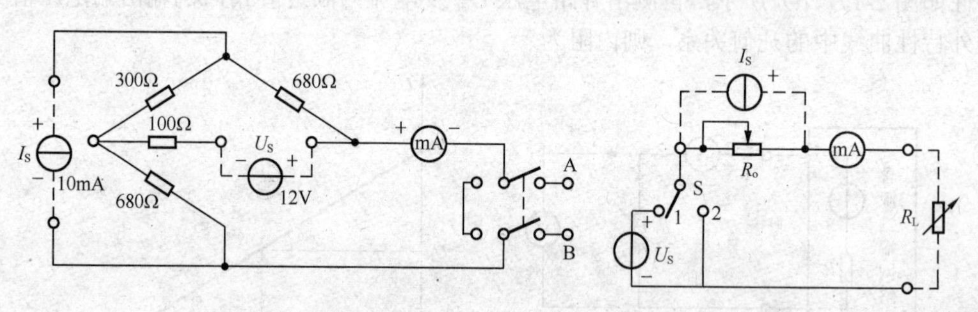

（a）被测含源二端网络　　（b）戴维南，诺顿等效电路

图 2-18　验证戴维南（诺顿）定理

1. 测有源二端网络的等效参数

① 按图 2-18（a）线路，将有源二端网络电路中所有独立源去掉（E_s 用短路线代替，I_s 开路），用万用表的欧姆挡量去掉外电路后的等效电阻 R_o；然后用加压测流法测出 E 和 I，再由 $R_o=E/I$ 求出 R_o。

② 用开路电压、短路电流法测定戴维南等效电路和诺顿等效电路的 U_{oc}、I_{sc}。按图 2-19（a）线路接入稳压电源 E_s 和恒流源 I_s，测定 U_{oc} 和 I_{sc} 算 R_o 之值。

③ 用伏安法测等效内阻 R_o。在有源二端网络输出端接入负载电阻箱 R_L，测出额定电流 $I_N=15\text{mA}$ 下的额定电压 U_N，根据式（2-14）内阻 R_o，数据记入表 2-26 中。

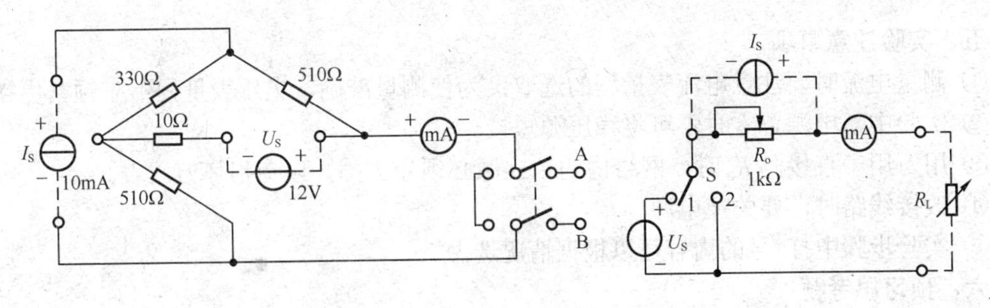

（a）被测含源二端网络　　（b）戴维南，诺顿等效电路

图 2-19　验证戴维南定理和诺顿定理

表 2-26　　测等效内阻 R_o

直测法	加压测流法			开路、短路法			伏安法			*外加电阻法		
R_o (Ω)	E (V)	I (mA)	R_o (Ω)	U_{oc} (V)	I_{sc} (mA)	R_o (Ω)	U_N (mA)	I_N (mA)	R_o (Ω)	U' (V)	R' (Ω)	R_o (Ω)

*④ 用外加电阻法测等效内阻 R_o。在有源二端网络输出端 AB 接入已知阻值 $R'=510\ \Omega$ 的电阻，测量负载端电压 U'，数据记入表 2-26 中。

**⑤ 使用图 2-19 时 E=9V。

2. 负载实验

① 测量有源二端网络的外特性，在图 2-19（a）的 AB 端接入负载电阻箱 R_L，改变阻值，测出相应的电压和电流值，数据记入表 2-27 中。

表 2-27　　有源二端网络的外特性

R_L(Ω)	0								∞
U(V)									
I(mA)									

② 验证戴维南定理：用一只 1k Ω的电位器，将其阻值调整到等于按步骤①所得的等效电阻 R_o 之值，然后令其与直流稳压电源（调到步骤①时所测得的开路电压 U_{oc} 之值）相串联，如图 2-18（b）所示（开关 S 投向 1），测其外特性，对戴维南定理进行验证，数据记入表 2-28 中。

表 2-28　　戴维南等效电路外的特性

R_L(Ω)	0								∞
U(V)									
I(mA)									

*③ 验证诺顿定理：将上一步骤用作等效电阻 R_o 的电位器（阻值不变）与直流恒流源 I_s 并联，恒流源的输出调到步骤①时所测得的短路电流 I_{sc} 之值，如图 2-18（b）所示（开关 S 投向 2），测其外特性，对诺顿定理进行验证，数据记入表 2-29 中。

表 2-29　　诺顿等效电路的外特性

R_L(Ω)	0								∞
U(V)									
I(mA)									

五、实验注意事项

① 测量电流时要注意电流表量程的选取，为使测量准确，电压表量程不应频繁更换。

② 实验中，电源置零时不可将稳压源短接。

③ 用万用表直接测 R_o 时，网络内的独立源必须先去掉，以免损坏万用表。

④ 改接线路时，要关掉电源。

⑤ 实验步骤中打*号的内容可以根据情况选做。

六、预习思考题

① 在求戴维南等效电路时，测短路电流 I_{sc} 的条件是什么？在本实验中可否直接作负载短路实验？请在实验前对线路 2-18（a）预先作好计算，以便调整实验线路及测量时可准确地选取电表的量程。

② 总结测有源二端网络开路电压及等效内阻的几种方法，并比较其优缺点。

七、实验报告

① 根据负载实验步骤②和③，分别绘出曲线，验证戴维南定理和诺顿定理的正确性，并分析产生误差的原因。

② 根据实验步骤中各种方法测得的 U_{oc} 与 R_o 与预习时电路计算的结果作比较，你能得出什么结论？

③ 归纳、总结实验结果。

实验九 日光灯电路及功率因数的提高

一、实验目的

① 验证单相交流电路中的电源、电压和功率关系的理论。

② 研究正弦稳态交流电路中电压、电流向量之间的关系。

③ 了解用电容改善功率因数的方法和意义。

④ 了解日光灯电路的组成，工作原理和安装方法。

二、预习要求

复习理论知识中关于交流电路中 R、L、C 的串、并联关系及功率因数的相关内容，认真阅读指导书，写好预习报告（预习报告书写要求见本书前面的《学生必读》）。

三、实验原理

① 在单相正弦交流电路中，用交流电流表测得各支路的电流值，用交流电压表测得回路各元件两端的电压值，它们之间的关系满足向量形式的基尔霍夫定律，即 $\sum \dot{I}=0$ 和 $\sum \dot{U}=0$。

② 图 2-20 所示的 RC 串联电路，在正弦稳态信号 $\dot{U}$ 的激励下，$\dot{U}_R$ 与 $\dot{U}_C$ 保持有 90° 的相位差，即当 R 阻值改变时，$\dot{U}_R$ 的向量轨迹是一个半圆。$\dot{U}$、$\dot{U}_C$ 与 $\dot{U}_R$ 三者形成一个直角形的电压三角形，如图 2-21 所示，R 值改变时，R 改变 φ 角的大小，从而达到移相的目的。

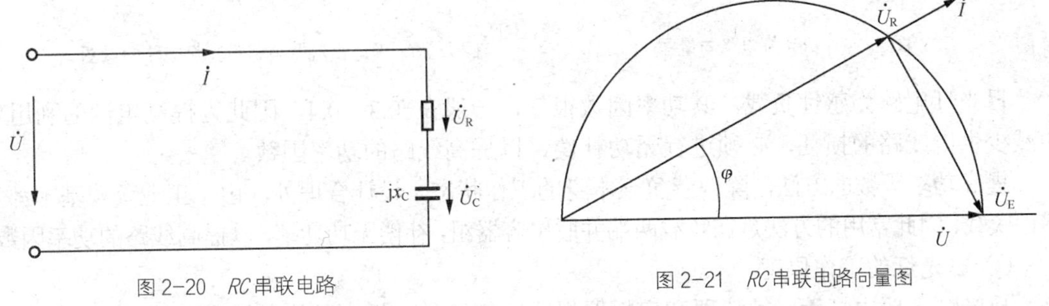

图 2-20 RC 串联电路　　图 2-21 RC 串联电路向量图

③ 日光灯电路由荧光灯管、镇流器和启辉器三者组成，灯管为电阻性负载，用 R 表示，镇流器为感性负载，但也有一定的电阻 r，其电路图和等效电路图可用图 2-22 和图 2-23 表示。

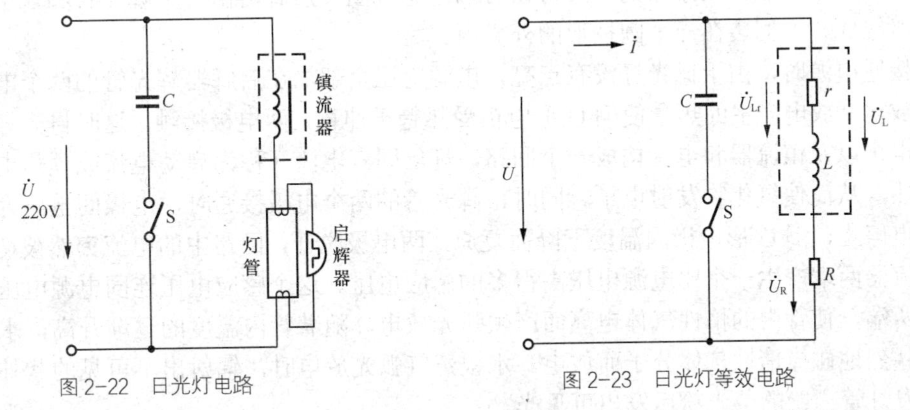

图 2-22 日光灯电路　　图 2-23 日光灯等效电路

日光灯电路可看成一个 R、L 串联的电感性交流电路，如设 $i=i_m\sin\omega t$=为参考正弦量时，则按图 2-23 中电流-电压的正方向可列出相量式。

$$\dot{U}=\dot{U}_{\mathrm{r}}+\dot{U}_{\mathrm{R}}+\dot{U}_{\mathrm{L}}=\dot{I}(r+\mathrm{j}X_{\mathrm{L}}+R)=\dot{I}Z \tag{2-17}$$

各电压、电流之间的相量关系如图 2-24（a）所示。

其中

$$\phi=\tan^{-1}\frac{U_{\mathrm{L}}}{U_{\mathrm{R}}} \qquad U=\sqrt{U_{\mathrm{R}}^{2}+U_{\mathrm{L}}^{2}} \tag{2-18}$$

但由于镇流器中含有一定的电阻 r，则所测得的镇流器两端电压 $\dot{U}_{\mathrm{Lr}}=\dot{U}_{\mathrm{r}}+\dot{U}_{\mathrm{L}}$，此时相量图如图 2-25 所示，因此测试结果，各参数之间的关系与图 2-24 及公式的理论分析有出入。考虑 r 后的相量图应如图 2-25 所示。

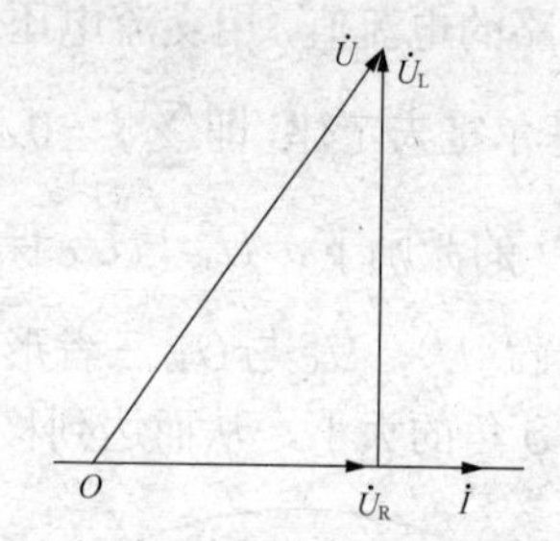

图 2-24　日光灯电路向量图

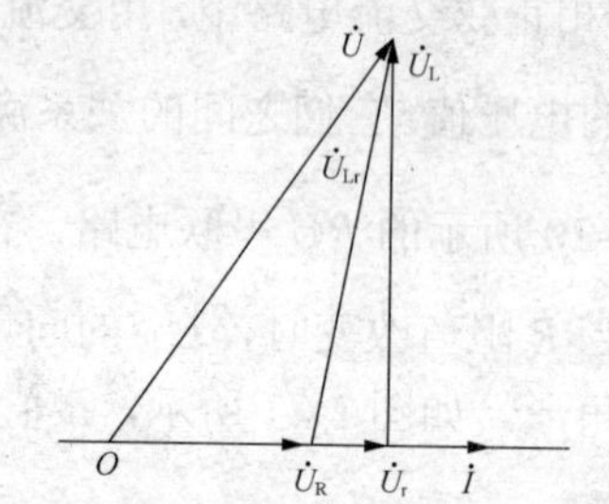

图 2-25　考虑镇流器电阻日光灯电路向量图

日光灯电路为感性负载，其功率因数很低，一般在 0.3～0.4。因此为提高电源的利用率和减少供电线路的损耗，必须进行无功补偿，以提高线路的功率因数。

提高功率因数的方法，除改善负载本身的工作状态、设计合理外，由于工业负载基本都是感性负载，因此常用的方法是在负载两端并联电容器组，补偿无功功率，以提高线路的功率因数。

④ 日光灯的工作原理。

日光灯主要由灯管、镇流器和启辉器组成。灯管是一根内壁均匀涂有荧光物质的细长玻璃管，管的两端装有灯丝电极，灯丝上涂有受热后易于发射电子的氧化物，管内充有稀薄的惰性气体和水银蒸气。镇流器为一带有铁芯的电感线圈。启辉器由一个辉光管和一个小容量的电容器组成，它们装在一个圆柱形的外壳内。

当接通电源时，由于日光灯没有点亮，电源电压全部加在启辉器辉光管的两个电极间使辉光管放电，放电产生的热量使倒 U 形电极受热趋于伸直，两电极接触，这时日光灯的灯丝通过此电极以及镇流器和电源构成一个回路，灯丝因有电流（称为启动电流或预热电流）通过而发热，从而使氧化物发射电子。同时，辉光管的两个电极接通时，电极间电压为零，辉光管放电停止，倒 U 形电极因温度下降而复原，两电极脱开，回路中的电流突然被切断，于是在镇流器两端产生一个比电源电压高得多的感应电压。这个感应电压连同电源电压一起加在灯管两端，使管内的惰性气体电离而产生弧光放电。随着管内温度的逐渐升高，水银蒸气游离并猛烈地碰撞惰性气体分子而放电。水银蒸气弧光放电时，辐射出不可见的紫外线，紫外线激发灯管内壁的荧光粉后发出可见光。

四、实验设备

实验室中使用的设备见表2-30。

表2-30 实验室中使用的设备

序号	名称	型号与规格	数量	备注
1	三相自耦调压器		1	
2	交流电压表		1	
3	交流电流表		1	
4	功率表		1	
5	白炽灯	15W/220V	1	
6	镇流器	与30V灯管配用	1	
7	电容器	1μF，2μF，4.7μF/450V	3	
8	启辉器	与30W灯管配用	1	
9	日光灯灯管	30W	1	
10	电流插座		3	

五、实验内容

① 测量各元件电压值，验证正弦稳态交流电路电压三角形关系。

② 测量启辉与正常工作时的数据，掌握启辉器和日光灯的工作原理。

③ 掌握通过并联电容，提高功率因数的方法。

六、实验步骤

① （选做）按图2-20接线，R为220V、15W的白炽灯泡，电容器为4.7μF/450V。

经指导教师检查后，接通实验台电源，将自耦调压器输出（即U）调至220V。记录U、U_R、U_C值在表2-31中验证电压三角形关系。

表2-31 RC串联电路实验数据表

测量值			计算值		
U(V)	U_R(V)	U_C(V)	$U'=(U'=\sqrt{U^2_R+U^2_C})$	$\Delta U=U'-U$ (V)	$\Delta U/U(\%)$

② 日光灯线路接线与测量。

先将实验台上的日光灯管换接开关置“实验”一侧后方可进行接线，如图2-26所示。

按图2-26组成线路，关闭电容器开关，经指导教师检查后接通市电220V电源，调节自耦调压器的输出，使其输出电压缓慢增大，直到日光灯启辉点亮为止，记下三个表的指示值。然后将电压调到220V，测量功率P，电流I，电压U，U_L，U_A等值，实验数据记录在表2-32中。

表 2-32　　测量日光灯实验数据表

	P(W)	COSϕ	I(A)	U(V)	U_L(V)	U_A(V)
启辉值						
正常工作值						

③ 并联电容——电路功率因数的改善，如图 2-26 所示。

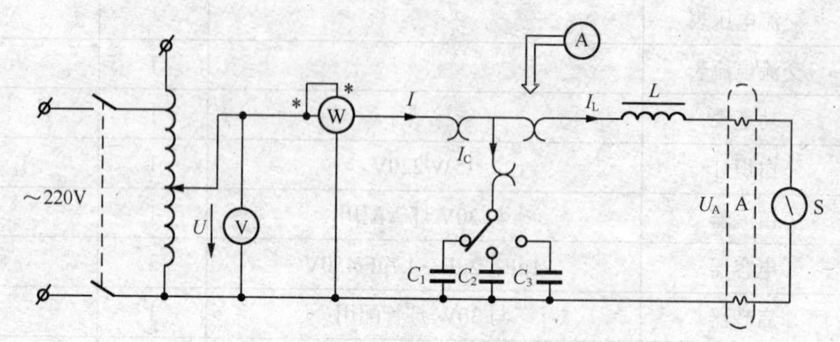

图 2-26　日光灯电路功率因数的改善电路图

经指导教师检查后，接通市电，将自耦调压器的输出调至 220V，记录功率表，电压表读数，通过一只电流表和 3 个电流插座分别测得 3 条支路的电流，改变电容值，进行重复测量。实验数据记录在表 2-33 中。

表 2-33　　并联电容实验数据表

电容值 (μF)	测量数值					
	P(W)	U(V)	I(A)	I_L(A)	I_C(A)	COSϕ
1						
2.2						
4.7						

七、实验注意事项

① 本实验用交流市电 220V，务必注意用电和人身安全。

② 在接通电源前，应先将自耦调压器手柄置在零位上。

③ 电流表要正确接入电路，读数时要注意量程和实际读数的折算关系。

④ 如线路接线正确，日光灯不能启辉时，应检查启辉器及其接触是否良好。

八、实验思考题

① 在日常生活中，当日光灯上缺少了启辉器时，人们常用一根导线将启辉器的两端短接一下，然后迅速断开，使日光灯点亮；或用一只启辉器去点亮多只同类型的日光灯，这是为什么？

② 为了提高电路的功率因数，常在感性负载上并联电容器，此时增加了一条电流支路，试问电路的总电流是增大还是减小，此时感性元件上的电流和功率是否改变？

③ 提高电路功率因素为什么只采用并联电容器法，而不用串联法？所并的电容器是否越大越好？

④ 用实验数据说明提高功率因数的意义。

九、实验报告

① 完成数据表格中的测量，并进行误差分析。

② 根据实验数据，分别绘出电压、电流相量图，验证相量形式的基尔霍夫定律。

③ 讨论改善电路功率因数的意义和方法。

④ 装接日光灯线路的心得体会及其他。

实验十　R、L、C元件的阻抗频率特性

一、实验目的

① 验证电阻，感抗、容抗与频率的关系，测定 R-f，X_L-f 与 X_C-f 特性曲线。

② 加深理解阻抗元件端电压与电流间的相位关系。

二、实验原理

1. R、L、C元件在电路中的作用

在正弦交变信号作用下，R、L、C 电路元件在电路中的抗流作用与信号的频率有关，如图 2-27 所示。3 种电路元件伏安关系的相量形式分别如下。

① 纯电阻元件 R 的伏安关系为 $\dot{U}=R\dot{I}$，阻抗 $Z=R$。

说明电阻两端的电压 $\dot{U}$ 与流过的电流 $\dot{I}$ 同相位，阻值 R 与频率无关，其阻抗频率特性 $R\sim f$ 是一条平行于 f 轴的直线。

② 纯电感元件 L 的伏安关系为 $\dot{U}_L=jX_L\dot{I}$，感抗 $X_L=2\pi fL$。

说明电感两端的电压 $\dot{U}_L$ 超前于电流 $\dot{I}$ 一个 90° 的相位，感抗 X_L 随频率而变，其阻抗频率特性 $X_L\sim f$ 是一条过原点的直线。电感对低频电流呈现的感抗较小，而对高频电流呈现的感抗较大，对直流电 $f=0$，则感抗 $X_L=0$，相当于“短路”。

③ 纯电容元件 C 的伏安关系为 $\dot{U}_C=jX_C\dot{I}$，容抗 $X_C=1/2\pi fC$。

说明电容两端的电压 $\dot{U}_C$ 落后于电流 $\dot{I}$ 一个 90° 的相位，容抗 X_C 随频率而变，其阻抗频率特性 $X_C\sim f$ 是一条曲线。电容对高频电流呈现的容抗较小，而对低频电流呈现的容抗较大，对直流电 $f=0$，则容抗 $X_C\sim\infty$，相当于“断路”，即所谓“隔直、通交”的作用。

3 种元件阻抗频率特性的测量电路如图 2-28 所示。

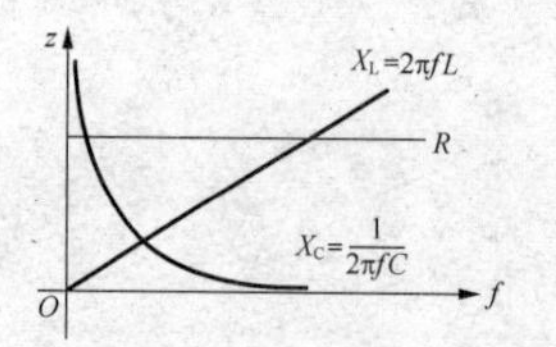

图 2-27　R、L、C元件的阻抗频率特性

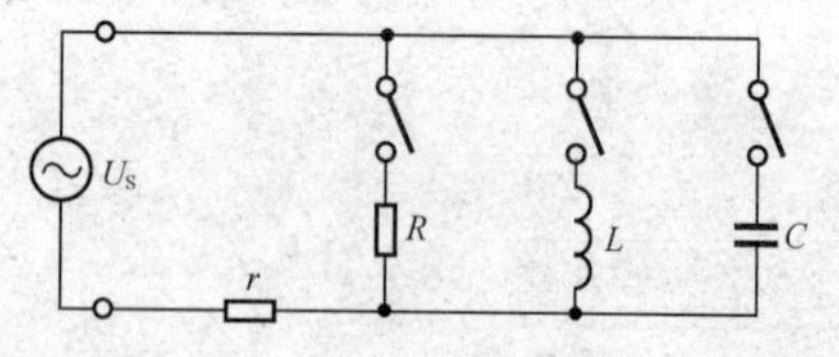

图 2-28　阻抗频率特性测试电路

图 2-28 中 R、L、C 为被测元件，r 为电流取样电阻。改变信号源频率，分别测量每一元件两端的电压，而流过被测元件的电流 I，则可由 U_r/r 计算得到。

2. 用双踪示波器测量阻抗角

元件的阻抗角（即被测信号 u 和 i 的相位差 φ）随输入信号的频率变化而改变，阻抗角的频率特性曲线可以用双踪示波器来测量，如图 2-29 所示。

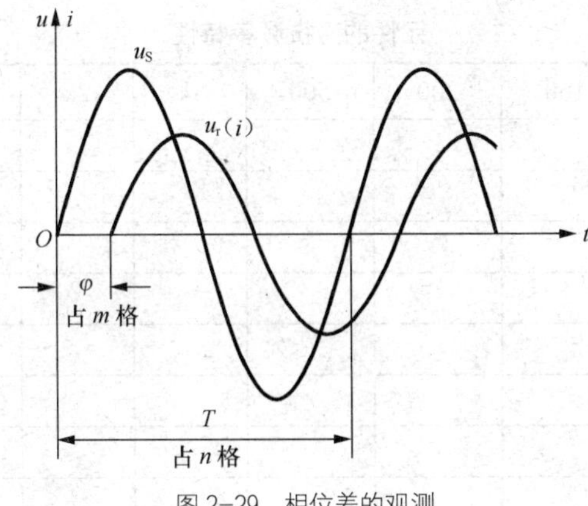

图 2-29 相位差的观测

阻抗角（即相位差 φ）的测量方法如下。

① 在“交替”状态下，先将两个“Y 轴输入方式”开关置于“⊥”位置，使之显示两条直线，调 YA 和 YB 移位，使二直线重合，再将两个 Y 轴输入方式置于“AC”或“DC”位置，然后再进行相位差的观测。测量过程中两个“Y 轴移位”钮不可再调动。

② 将被测信号 u 和 i 分别接到示波器 YA 和 YB 两个输入端上，调节示波器有关控制旋钮，使荧光屏上出现两个比例适当而稳定的波形，如图 2-29 所示。

③ 从荧光屏水平方向上数得一个周期所占的格数 n，相位差所占的格数 m，则实际的相位差 φ（阻抗角）为

$$\varphi = m \times \frac{360}{n} \tag{2-19}$$

三、实验设备

实验设备见表 2-34。

表 2-34　　实验设备

序号	名　称	型号与规格	数量	备注
1	函数信号发生器	15Hz～150kHz	1	RTDG-1
2	晶体管毫伏表	1mV～300V	1	自备
3	双踪示波器		1	自备
4	被测电路元件	R=1kΩ，C=1μF L=15mH，r=100Ω	1	RTDG08 RTDG04

四、实验内容与步骤

1．测量 R、L、C 元件的阻抗频率特性

实验线路如图 2-28 所示，取 R＝1 kΩ，L＝15 mH，C＝1 μF，r=100 Ω。

① 将函数信号发生器输出的正弦信号作为激励源接至实验电路的输入端，并用晶体管毫伏表测量，使激励电压的有效值为 U_S＝3 V，并保持不变。

② 调信号源的输出频率从 100Hz 逐渐增至 5kHz，并使开关分别接通 R、L、C 3 个元件，用晶体管毫伏表分别测量 U_B、U_L、U_C 及相应的 U_r 之值，并通过计算得到各频率点时的 R、

X_L与X_C之值，记入表 2-35 中。

表 2-35　　元件的阻抗频率特性

频率 f(Hz)		100	200	500	1k	2k	3k	4k	5k
R	U_r(mv)								
	$I_r=U_r/r$(mA)								
	$R=U/Ir$(kΩ)								
L	U_r(mV)								
	$I_r=U_r/r$ (mA)								
	$X_L=U/I_L$(kΩ)								
C	U_r(mV)								
	$I_c=U_r/r$(mA)								
	$X_c=U/I_c$(kΩ)								

2．测量 L、C 元件的阻抗角频率特性

调节信号发生器的输出频率，从 0.1～20 kHz，用双踪示波器观察元件在不同频率下阻抗角的变化情况，测量信号一个周期所占格数 n(cm)和电压与电流的相位差所占格数 m(cm)，计算阻抗角 φ，数据记入表 2-36 中。

表 2-36　　L、C 元件的阻抗角频率特性

元件	f(kHz)	0.1
L	n(cm)	
	m(cm)	
	φ (度)	
C	n(cm)	
	m(cm)	
	φ(度)	

五、实验注意事项

① 晶体管毫伏表属于高阻抗电表,测量前必须先用测笔短接两个测试端钮，使指针逐渐回零后再进行测量。

② 测 φ 时，示波器的“V/cm”和“t/cm”的微调旋钮应旋置“校准位置”。

六、预习思考题

① 测量 R、L、C 元件的频率特性时，如何测量流过被测元件的电流？为什么要与它们串联一个小电阻？

② 如何用示波器观测阻抗角的频率特性？

③ 在直流电路中，C 和 L 的作用如何?

七、实验报告

① 根据两表实验数据，在坐标纸上分别绘制 R、L、C 三个元件的阻抗频率特性曲线和 L、C 元件的阻抗角频率特性曲线。

② 根据实验数据，总结、归纳出本次实验的结论。

实验十一　信号发生器和示波器的使用

一、实验目的

① 熟悉实验中所使用的函数信号发生器的布局，各按键开关的作用及其使用方法。

② 学会使用示波器观察各种电信号波形，定量测出正弦信号和脉冲信号的波形参数。

③ 初步掌握双踪示波器和函数信号发生器的使用。

二、实验说明

① 正弦交流信号和方波脉冲信号是常用的电激励信号，由函数脉冲信号发生器提供。正弦信号的波形参数是幅值 U_m、周期 T（或频率 f）和初相位；脉冲信号的波形参数是幅值 U_m、脉冲重复周期 T 及脉宽 t_{wo}。本实验采用的智能函数信号发生器能提供频率范围为 1Hz～150 kHz，幅值可在 0～18 V 连续可调的上述信号。输出的信号可由波形选择按键来选取。可以输出正弦波、三角波、锯齿波、矩形波、四脉方列和八脉方列等，并由 7 位 LED 数码管显示信号的频率。

② 电子示波器是一种信号图形测量仪器，可以定量测出各种电信号的波形参数，如波形的幅度、时间、相位关系或脉冲信号的前、后沿等，这是其他的测试仪器很难做到的。

通用示波器内有两个输入通道：一个是水平通道，可以输入时间扫描信号 $x(t)$；另一个是垂直通道，可以输入外加信号 $y(t)$。这两个通道输入的信号同时加在示波器的阴极射线示波管的控制电极上时，就会在荧光屏 X-Y 坐标系中产生两维变化波形 $y(t)$～$x(t)$的合成图形。

双踪示波器有两个垂直输入通道 YA 和 YB，可以同时输入两个被测信号 $u_A(t)$和 $u_B(t)$。其内部是依靠一个电子开关，按一定的时间分割比例，轮流显示两个被测信号。这对应于面板上“交替”和“断续”开关位置。当被测信号频率较高时，应将开关置于“交替”位置；频率较低时，应将开关置于“断续”位置。所以，一台双踪示波器可以同时观察和测量两个信号波形。

从荧光屏的 Y 轴刻度尺并结合其量程分挡选择开关（Y 输入偏转 0.01～5V/cm 分 12 挡，Y 输入微调置校准位置）、测试探头衰减比例可以读得电信号的幅值；从荧光屏的 X 轴刻度尺并结合其量程分挡选择开关（时间扫描速度 1μ's～5s/cm 分 25 挡），可以读得电信号的周期、脉宽、相位差等参数。

为了完成对各种不同波形、不同要求的观察和测量，示波器上还有一些其他的调节和控制旋钮，希望在实验中自己动手加以摸索和掌握，并注意总结实用经验。

表 2-37 列出的是 WC4630 型长余辉慢扫描双踪示波器的各控制旋钮的作用位置，供实验时参考。

表 2-37　　双踪示波器的各控制旋钮的作用位置

Y 轴控制	作用位置	X 轴控制	作用位置
Y 方式开关	Y1、Y2、交替、断续、Y1±Y2	X 方式开关	+/–、内/外、AC/DC、触发/自动
Y 输入耦合	AC、⊥、DC	X 扫描时间	1μs/cm～5s/cm
Y 输入偏转	0.01V～5V/cm	时间微调	连续改变扫描速度，校准：直读标称值
Y 输入微调	1～2.5 倍，校准等于定量测量幅值	同步电平	调扫描同步电压，使观测波形稳定
Y 轴移位	↑、↓波形上下移动	X 轴移位	←、→波形左右移动
Y 极性	+、–	X 轴放大	开关“拉出”，扫描时间增大 5 倍

三、实验设备

实验设备见表 2-38。

表 2-38 实验设备

序号	名称	型号与规格	数量	备注
1	双踪示波器		1	自备
2	函数信号发生器	1Hz～150kHz	1	自备
3	晶体管毫伏表	JB-1B 型或其他	1	自备

四、实验内容与步骤

1. 双踪示波器的自检

将示波器的 Y 轴输入插口 YA 或 YB 端，用同轴电缆接至双踪示波器面板部分的“标准信号”输出，然后开启示波器电源，指示灯亮，稍后，协调地调节示波器面板上的“辉度”“聚焦”“辅助聚焦”“X 轴位移”“Y 轴位移”等旋钮，使在荧光屏的中心部分显示出线条细而清晰、亮度适中的方波波形；通过选择幅度和扫描速度灵敏度，并将它们的微调旋钮旋至“校准”位置，从荧光屏上读出该“标准信号”的幅值与频率，并与标称值（0.5V，1kHz 的信号）作比较，如相差较大，请指导老师给予校准。

2. 正弦波信号的观测

① 将示波器的幅度和扫描速度微调旋钮旋至“校准”位置。

② 通过电缆线，将信号发生器的正弦波输出口与示波器的 YA 或 YB 插座相连。

③ 接通电源，调节信号源的频率旋钮，使输出频率分别为 50 Hz，1.5 kHz 和 20 kHz（由频率计读出），输出幅值分别为有效值 0.1 V，1 V，3 V（由交流毫伏表读得），调节示波器 Y 轴和 X 轴灵敏度至合适的位置，并将其微调旋钮旋至“校准”位置。从荧光屏上读得幅值及周期，记入表 2-39 和表 2-40 中。

表 2-39 正弦波信号频率的测定

测量内容 \ 频率计读数	50 Hz	1.5 kHz	20 kHz
示波器“t/cm”位置			
一个周期所占格数 n(cm)			
信号周期 T(s)			
计算所得频率 f(Hz)			

表 2-40 正弦波信号幅值的测定

测量内容 \ 频率计读数	50 Hz	1.5 kHz	20 kHz
示波器“t/cm”位置			
波形峰峰值格数 b(cm)			
峰值 U_m(v)			
计算所得有效值 U(V)			

3．方波脉冲信号的测定

① 将信号发生器的波形选择开关置“矩形波”位置。

② 调节信号源的输出幅度为3.0 V（用示波器测定），分别观测100 Hz，3 kHz和30 kHz方波信号的波形参数。

③ 使信号频率保持在3 kHz，调节幅度和脉宽旋钮，观测波形参数的变化。

④ 自拟数据表格。

4．方波信号与正弦信号同时测定

将方波信号和正弦信号同时分别加到示波器的Y1和Y2两个输入口，调节有关旋钮，观测两路信号的波形（定性地观察，具体内容自拟）。

五、实验注意事项

① 示波器的辉度不要过亮。

② 调节仪器旋钮时，动作不要过猛。

③ 调节示波器时，要注意触发开关和电平调节旋钮的配合使用，以使显示的波形稳定。

④ 作定量测定时，“t/cm”和“V/cm”的微调旋钮应旋置“标准”位置。

⑤ 为防止外界干扰，信号发生器的接地端与示波器的接地端要相连一致（称共地）。

六、预习思考题

① 认真阅读示波器的使用说明，熟悉示波器面板上“t/cm” 和“V/cm”的含义是什么？

② 观察本机“标准信号”时，要在荧光屏上得到两个周期的稳定波形，而幅度要求为5cm，试问 Y 轴电压灵敏度应置于哪一挡位置？“t/cm”又应置于哪一挡位置？

③ 应用双踪示波器观察到如图2-30所示的两个波形，Y轴的“V/cm”的指示为0.5V，“t/cm”指示为20μs，试问这两个波形信号的波形参数为多少？

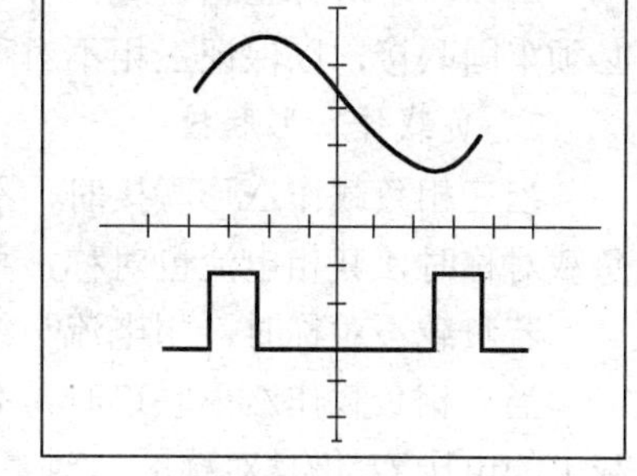

图2-30 观察波形

七、实验报告

① 整理实验中显示的各种波形，绘制有代表性的波形。

② 总结实验中所用仪器的使用方法及观测电信号的方法。

③ 如用示波器观察正弦信号，若荧光屏上出现图2-31所示情况时，试说明测试系统中哪些旋钮的位置不对？应如何调节？

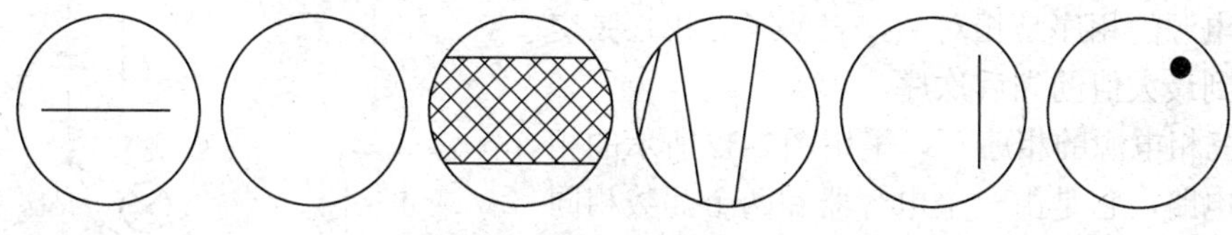

图2-31 示波器信号

④ 心得体会及其他。

实验十二　三相交流电路的研究

一、实验目的

① 掌握三相负载作 Y 接、△接的方法，验证这两种接法的线、相电量之间的关系。

② 充分理解三相四线供电系统中中线的作用。

二、原理说明

在三相电源对称的情况下，三相负载可以接成星形（Y 接）或三角形（△接）。三相四线制电源的电压值一般是指线电压的有效值。如“三相 380 V 电源”是指线电压 380 V，其相电压为 220 V；而“三相 220 V 电源”则是指线电压 220 V，其相电压为 127 V。

1. 负载作 Y 形联接

当负载采用三相四线制（Yo）联接时，即在有中线的情况下，不论负载是否对称，线电压 U_l 是相电压 U_p 的 $\sqrt{3}$ 倍，线电流 I_l 等于相电流 I_p，即

$$U_l=\sqrt{3UP}\ ,\ I_l=I_p \qquad (2\text{-}20)$$

当负载对称时，各相电流相等，流过中线的电流 $I_o=0$，所以可以省去中线。

若三相负载不对称而又无中线（即三相三线制 Y 接）时，$U_P\neq 1/\sqrt{3}\,U_l$，负载的三个相电压不再平衡，各相电流也不相等，致使负载轻的那一相因相电压过高而遭受损坏，负载重的一相也会因相电压过低不能正常工作。

所以，不对称三相负载作 Y 联接时，必须采用三相四线制接法，即 Yo 接法，而且中线必须牢固联接，以保证三相不对称负载的每相电压维持对称不变。

2. 负载作△形联接

当三相负载作△形联接时，不论负载是否对称，其相电压均等于线电压，即 $U_l=U_p$；若负载对称时，其相电流也对称，相电流与线电流之间的关系为：$I_l=\sqrt{3}\,I_p$。

若负载不对称时，相电流与线电流之间不再是 $\sqrt{3}$ 关系即：$I_l\neq\sqrt{3}\,I_p$。

当三相负载作△形联连时，不论负载是否对称，只要电源的线电压 U_l 对称，加在三相负载上的电压 U_p 仍是对称的，对各相负载工作没有影响。

3. 三相电源及相序的判断

为防止三相负载不对称而又无中线时相电压过高而损坏灯泡，本实验采用“三相 220 V 电源”，即线电压为 220 V，可以通过三相自耦调压器来实现。

三相电源的相序是相对的，表明了三相正弦交流电压达到最大值的先后次序。

判断三相电源的相序可以采用图 2-32 所示的相序指示器电路，它是由一个电容器和两个瓦数相同的白炽灯连接成的 Y 接不对称三相电路。假定电容器所接的是 A 相，则灯光较亮的一相接的是电源的 B 相，灯光较暗的一相即为电源的 C 相（可以证明此时 B 相电压大于 C 相电压）。

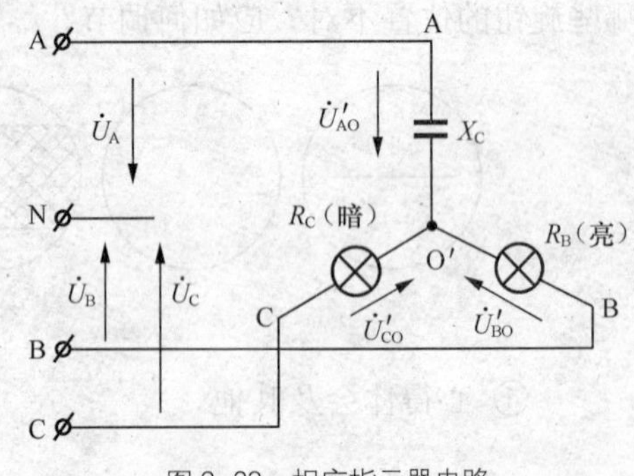

图 2-32　相序指示器电路

三、实验设备

实验设备见表 2-41。

表 2-41　实验设备

序号	名称	型号与规格	数量	备注
1	交流电压表		1	RTT03-1
2	交流电流表		1	RTT03-1
3	万用表		1	自备
4	三相自耦调压器		1	控制屏
5	三相灯组负载	220V/10W 白炽灯	9	RTDG07
6	电流插孔		6	RTDG07

四、实验内容

1. 三相负载星形连接

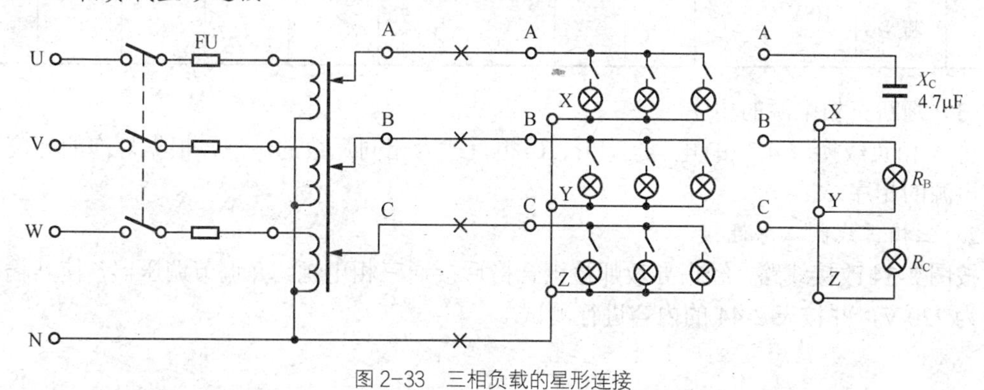

图 2-33　三相负载的星形连接

按图 2-33 连接实验电路，三相对称电源经三相自耦调压器接到三相灯组负载，首先检查三相调压器的旋柄是否置于输出为 0V 的位置（即逆时针旋到底的位置），经指导教师检查合格后，方可合上三相电源开关，然后调节调压器的旋柄，使输出的三相线电压为 220V。

（1）三相四线制 Yo 形联接（有中线）

按表 2-42 要求，测量有中线时三相负载对称和不对称情况下的线/相电压、线电流和中线电流之值，并观察各相灯组亮暗程度是否一致，注意观察中线的作用。

表 2-42　三相四线制 Yo 形联接

负载情况			测量数据									中线电流 I_O(A)
开灯盏数			线电流（A）			线电压（V）			相电压（V）			
A 相	B 相	C 相	I_A	I_B	I_C	U_{AB}	U_{BC}	U_{CA}	U_{AO}	U_{BO}	U_{CO}	
10W ×3	10W ×3	10W ×3										
10W ×1	10W ×2	10W ×3										
10W ×1	断路	10W ×3										

（2）三相三线制 Y 形连接 （断开中线）

将中线断开，测量无中线时三相负载对称和不对称情况下的各电量，特别注意不对称负载时电源与负载中点间的电压的测量。将所测得的数据记入表 2-43 中，并观察各相灯组亮暗的变化情况。

表 2-43　　三相三线制 Y 形联接

负载情况 开灯盏数			测量数据									中线电流 I_O(A)
			线电流（A）			线电压（V）			相电压（V）			
A 相	B 相	C 相	I_A	I_B	I_C	U_{AB}	U_{BC}	U_{CA}	U_{AO}	U_{BO}	U_{CO}	
10W ×3	10W ×3	10W ×3										
10W ×1	10W ×2	10W ×3										
10W ×1	断路	10W ×3										

（3）判断三相电源的相序

将 A 相负载换成 4.7 μF 电容器，B、C 相负载为相同瓦数的灯泡，根据灯泡的亮度判断所接电源的相序。

2. 三相三线制△形连接

按图 2-34 改接线路，经指导教师检查合格后接通三相电源，并调节调压器，使其输出线电压为 220 V，并按表 2-44 的内容进行测试。

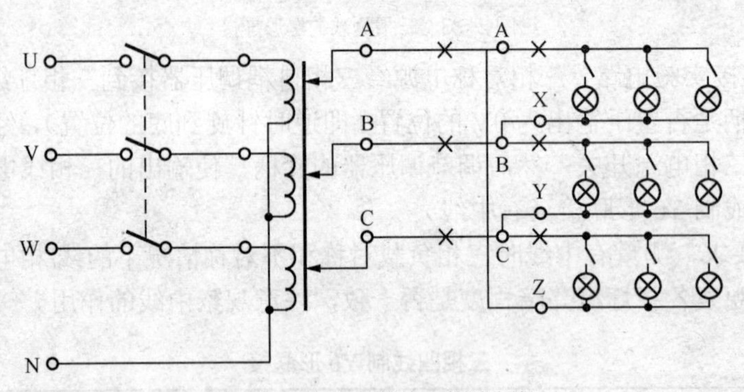

图 2-34　三相负载的三角形连接

表 2-44　　三相三线制△形联接

测量数据 负载情况	开灯盏数			线电压（V）			线电流（A）			相电流（A）		
	A-B 相	B-C 相	C-A 相	U_{AB}	U_{BC}	U_{CA}	I_A	I_B	I_C	I_{AB}	I_{BC}	I_{CA}
三相平衡												
三相不平衡												

五、实验注意事项

① 本实验采用线电压为 380 V 的三相交流电源，经调压器输出为 220 V，实验时要注意

人身安全，不可触及导电部件，防止意外事故发生。

② 每次接线完毕，同组同学应自查一遍，确认正确无误后方可接通电源。实验中必须严格遵守“先接线、后通电”“先断电、后拆线”的安全实验操作规则。

③ 星形负载作短路实验时，必须首先断开中线，以免发生短路事故。

六、预习思考题

① 三相负载根据什么条件作星形或三角形联接？

② 复习三相交流电路有关内容，试分析三相星形联接不对称负载在无中线情况下，当某相负载开路或短路时会出现什么情况？如果接上中线，情况又如何？

③ 本次实验中为什么要通过三相调压器将380 V的线电压降为220 V的线电压使用？

七、实验报告

① 用实验测得的数据验证对称三相电路中的$\sqrt{3}$关系。

② 用实验数据和观察到的现象，总结三相四线供电系统中中线的作用。

③ 不对称三角形联接的负载，能否正常工作？实验是否能证明这一点？

④ 根据不对称负载三角形联接时的相电流值作相量图，并由相量图求出线电流之值，然后与实验测得的线电流作比较。

实验十三　RLC 串联谐振电路

一、实验目的

① 研究谐振电路的特点，掌握电路品质因数 Q 的物理意义。

② 学习用示波器测试 RLC 串联电路的幅频特性曲线，观测串联谐振现象。

二、原理说明

1. RLC 串联谐振电路

在图 2-35 所示的 RLC 串联电路中，当正弦交流信号源的频率 f 改变而幅值 U_i 维持不变时，电路中的感抗、容抗随之而变，电路中的电流也随 f 而变。

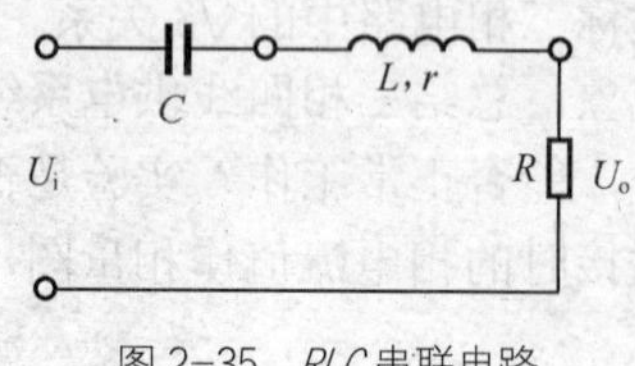

图 2-35　RLC 串联电路

$$I = \frac{U_i}{(R+r)+j\left(\omega L - \dfrac{1}{\omega C}\right)}$$

当 $\omega L=1/\omega C$ 时，电路产生谐振，谐振频率，

$$f_o = 1/2\pi\sqrt{LC}$$

取电阻 R 上的电压 U_o 作为响应，当输入电压 U_i 维持不变时，在不同信号频率的激励下，测出 U_o 之值，然后以 f 为横坐标，以电流 I（$I=U_o/R$）为纵坐标，绘出光滑的曲线，此即为电流谐振曲线，如图 2-36 所示。

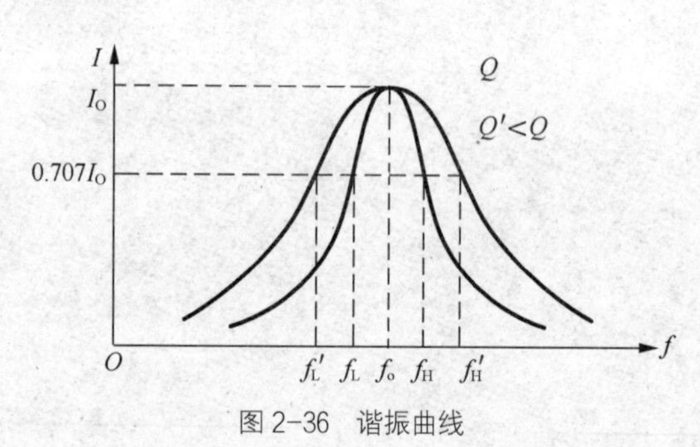

图 2-36　谐振曲线

2. 串联谐振时的特征

① 阻抗 $Z_o=R+r$ 为最小，且是纯电阻性的。

② 感抗与容抗相等，即 $X_L=X_C$。

③ 谐振电流 $\dot{I}_o$ 与输入电压 $\dot{U}_i$ 同相位，数值上 $I_o=\dfrac{U_i}{R+r}$ 为最大。

④ 当 $X_L=X_C>R$ 时，$U_{Lo}=U_{Co}=QU_i$，当 Q 值很大时，$U_L=U_C>>U_i$——称之为过电压现象。

3. 谐振电路的品质因数

RLC 串联谐振电路品质因数 Q 的定义为

$$Q = U_{Lo}/U_i = U_{Co}/U_i \text{ 或 } Q = \frac{\omega_o L}{R+r} = \frac{1}{\omega_o(R+r)C} \tag{2-21}$$

Q 值大小取决于电路参数 X_L 或 X_C 与（$R+r$）的比值。故可通过测量谐振时 C 和 L 上的电压 U_{Co} 和 U_{Lo} 及输入电压 U_i，从而求得 Q 值的大小。

从另一角度讲，Q 值的大小反映了中心频率 f_o 与通频带宽度（f_H–f_L）的比值的大小，即

$$Q=f_o/(f_H-f_L)$$

式中，f_o——谐振频率；

f_H 和 f_L 是失谐时，幅度下降到最大值的 $1/\sqrt{2}$（=0.707）倍时的上、下频率点。

Q 值越大，曲线越尖锐，通频带越窄，电路的选择性越好。在恒压源供电时，电路的品质因数、选择性与通频带只决定于电路本身的参数，而与信号源无关。

三、实验设备（表 2-45）

表 2-45 实验设备

序号	名称	型号与规格	数量	备注
1	函数信号发生器	15 Hz～150 kHz	1	Rtt05 或自备
2	交流毫伏表	1mV～300 V	1	自备
3	双踪示波器		1	
4	谐振电路实验电路板	R=330Ω,1 kΩ C=0.01μF L≈25mH		RTDG04

四、实验内容与步骤

按图 2-37 组成测量电路，取 R=330 Ω，用交流毫伏表监测信号源输出电压，使 U_i=1V（注意：交流毫伏表的电源用两线插头，不要地线，测 U_C 和 U_L 时毫伏表的正极接电融合电压的公共端）。

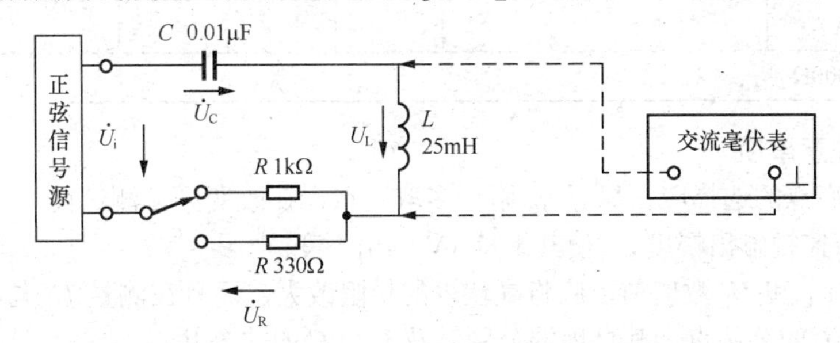

图 2-37 实验线路

1. 寻找谐振点、观察谐振现象

谐振时应满足三个条件。

① 维持 U_i=1V 不变。

② 电路中的电流 I（或 U_R）为最大。

③ U_L 应略大于 U_C（线圈中包含有导线电阻 r）。

先估算出谐振频率 f_o'，并将毫伏表接在 R（330 Ω）两端，令信号源的频率在 f_o' 左右由小逐渐变大（注意要维持信号源的输出幅度不变），当 U_R 的读数为最大时，读得的频率值即

为实际的谐振频率 f_o，同时测出谐振时的 U_{Ro}、U_{Co} 与 U_{Lo} 之值（注意及时更换毫伏表的量限），计算谐振电流 I_o 和电路的品质因数 Q，数据记入表2-46中。

表2-46 谐振点测试

$R(\Omega)$	$f_o'(Hz)$	$f_o(Hz)$	$U_{Ro}(V)$	$U_{Lo}(V)$	$U_{Co}(V)$	$I_o(mA)$	Q
330							
1k							

2. 测绘谐振曲线

在谐振点 f_o 两侧，按频率递增或递减依次各取8个测量点（f_o 附近多取几点），逐点测出 U_R 值，计算出响应的电流值，数据记入表2-47中。

表2-47 谐振曲线的测量

f(kHz) / 测量值									
U_R（V）									
$I=U_R/R$（mA）									
U_i=1V，R=330Ω									

3. 改变电阻值测绘谐振曲线

改变电阻值，取 R=1kΩ，重复上述步测量过程，数据记入表2-48中。

表2-48 谐振曲线的测量

f(kHz) / 测量值									
U_R（v）									
$I=U_R/R$（mA）									
U_i=1V,R=1 000Ω									

五、实验注意事项

① 测试频率点的选择应在靠近 f_o 附近多取几点，在改变频率测试前，应调整信号输出幅度（用毫伏表监视输出幅度），使其维持1V输出不变。

② 在测量 U_C 和 U_L 数值前，应将毫伏表的量限改大，而且在测量 U_L 与 U_C 时毫伏表的"＋"端接 C 与 L 的公共点，其接地端分别触及 L 和 C 的非公共点。

③ 实验过程中交流毫伏表电源线采用两线插头。

六、预习思考题

① 根据实验线路板给出的元件参数值，估算电路的谐振频率。

② 改变电路的哪些参数可以使电路发生谐振，如何判别电路是否发生谐振？

③ 电路发生串联谐振时，为什么输入电压不能太大？ 如果信号源给出1V的电压，电路谐振时，用交流毫伏表测 U_L 和 U_C，应该选择用多大的量限？

④ 电路谐振时，对应的 U_L 与 U_C 是否相等？如有差异，原因何在？

⑤ 影响 RLC 串联电路的品质因数的参数有哪些？

七、实验报告

① 根据测量数据，再同一坐标中绘出不同 Q 值时的两条电流谐振曲线 $I_o=f(f)$。

② 计算出通频带与 Q 值，说明不同的 R 值对电路通频带与品质因数的影响。

③ 对测 Q 值的两种不同的方法进行比较，分析误差原因。

④ 谐振时，比较输出电压 U_o 与输入电压 U_i 是否相等？试分析原因。

⑤ 通过本次实验，总结、归纳串联谐振电路的特性。

实验十四　交流电路等效参数的测量

一、实验目的

① 学习用交流电压表、交流电流表和功率表测量交流电路的等效参数。

② 熟练掌握功率表的接法和使用方法。

二、原理说明

1. 三表法测电路元件的参数

正弦交流激励下的元件值或阻抗值，可以用交流电压表、交流电流表及功率表，分别测量出元件两端的电压 U，流过该元件的电流 I 和它所消耗的功率 P，如图 2-38 所示，然后通过计算得到所求的各值，这种方法称为三表法，是用以测量 50Hz 交流电路参数的基本方法。

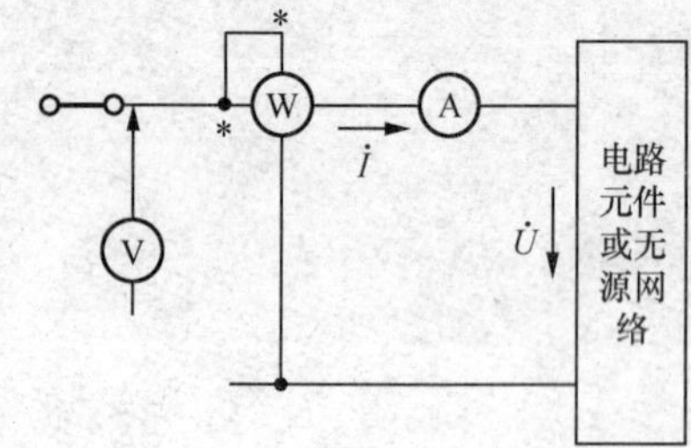

图 2-38　三表法测交流电路的等效参数

根据交流电的欧姆定律，可以有：

阻抗的模 $|Z|=U/I$

电路的功率因数 $\cos\varphi=P/UI$

等效电阻 $R=P/I^2=|Z|\cos\varphi$

等效电抗 $X=|Z|\sin\varphi$

对于感性元件 $X=X_L=2\pi fL$

对于容性元件 $X=X_C=1/2\pi fC$

2. 三表法测交流电路的等效参数

如果被测对象不是一个单一元件，而是一个无源二端网络，也可以用三表法测出 U、I、P 后，由上述公式计算出 R 和 X，但无法判定出电路的性质（即阻抗性质）。

3. 阻抗性质的判别方法

阻抗性质的判别可以在被测电路元件两端并联或串联电容来实现。

（1）并联电容判别法

在被测阻抗 Z 两端并联可变容量的试验电容 C'，如图 2-39（a）所示，图 2-39（b）是（a）的等效电路，图中 G、B 为待测阻抗 Z 的等效电导和电纳，$B'=\omega C'$为并联电容 C'的电纳。根据串接在电路中电流表示数的变化，可判定被测阻抗的性质。

设并联电路中 $B+B'=B''$，在端电压 U 不变的条件下：

① 若 B'增大，B''也增大，电路中总电流 I 将单调地上升，故可判断 B 为容性元件。

② 若 B'增大，B''先减小后再增大，总电流 I 也是先减小后上升，如图 2-40 所示，则可判断 B 为感性元件。

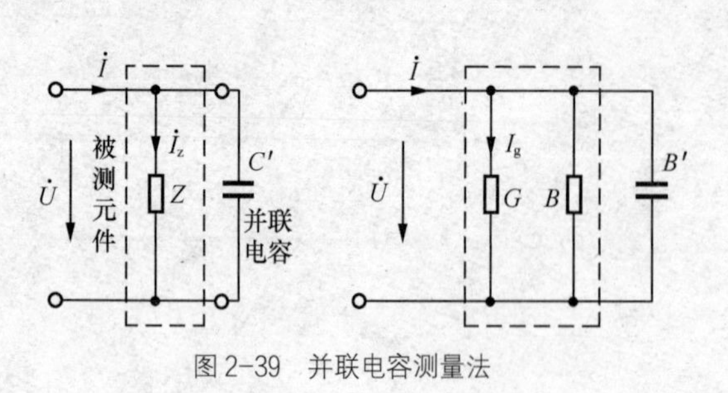

图 2-39　并联电容测量法

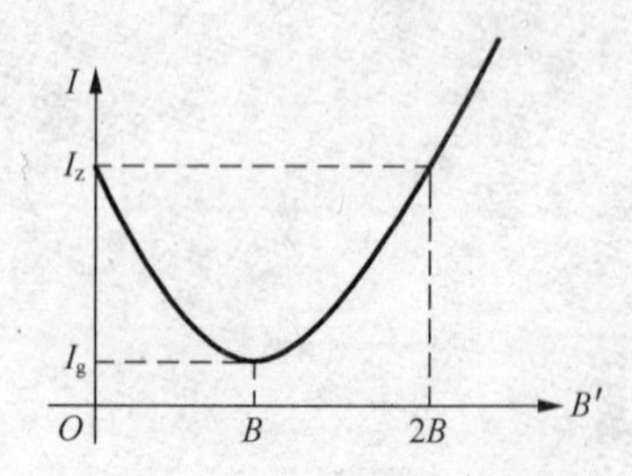

图 2-40　感性电路的 T—B′关系曲线

由上分析可见，当 B 为容性元件时，对并联电容 C'值无特殊要求；而当 B 为感性元件时，$B' < |2B|$ 才有判定为感性的意义。$B' > |2B|$ 时，电流将单调上升，与 B 为容性时的情况相同，并不能说明电路是感性的。因此判断电路性质的可靠条件为

$$C' < |2B|/\omega$$

（2）串联电容判别法

在被测元件电路中串联一个适当容量的试验电容 C'，在电源电压不变的情况下，根据被测阻抗的端电压的变化，可以判断电路阻抗的性质。若串联电容后被测阻抗的端电压单调下降，则判为容性；若端电压先上升后下降，则被测阻抗为感性，判定条件为

$$C' > 1/\omega|2X|$$

式中 X——被测阻抗的电抗值。

C'——串联试验电容值，此关系式可自行证明。

（3）相位关系测量法

判断待测元件的性质，还可以利用单相相位表测量电路中电流、电压间的相位关系进行判断。若电流超前于电压，则电路为容性；电流滞后于电压，则电路为感性。

4. 功率表的使用

一般单相功率表（又称为瓦特表）是一种动圈式仪表，它有两个测量线圈。一个是有两个量限的电流线圈，测量时应与负载串联；另一个是有三个量限的电压线圈，测量时应与负载并联。

为了不使功率针反向偏转，在电流线圈和电压线圈的一个端钮上都标有“*”标记。正确的连接方法是：必须将标有“*”标记的两个端钮接在电源的同一端，电流线圈的另一端接至负载端，电压线圈的另一端则接至负载的另一端。图 2-41 是功率表在电路中的连接线路和测试端钮的外部连接示意图。

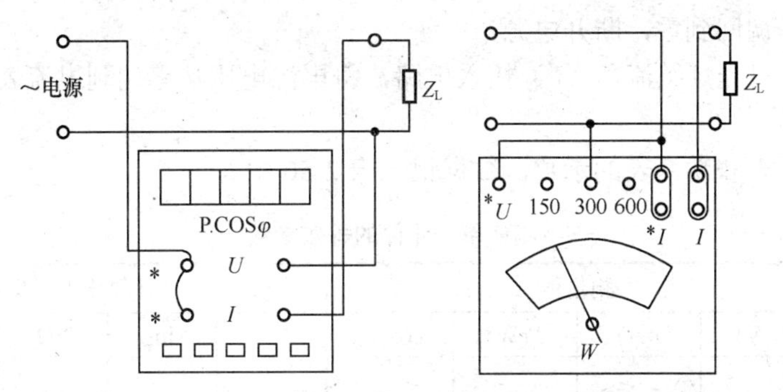

图 2-41 单相瓦特表的接法

三、实验设备（表 2-49）

表 2-49 实验设备

序号	名称	型号与规格	数量	备注
	单相交流电源	0～220V	1	控制屏
	交流电压表	0～300V	1	RTT03-1
	交流电流表	0～5A	1	RTT03-1
	单相功率表	D34-W 或其他	1	RTT04
	自耦调压器		1	控制屏

续表

序号	名称	型号与规格	数量	备注
	电感线圈	30W 日光灯配用镇流器	1	RTDG08
	电容器	4.7μF/400V	1	RTDG08
	白炽灯	10W/220V	3	RTDG07

四、实验内容与步骤

测试线路如图 2-42 所示，电源电压取自实验装置配电屏上的可调电压输出端，并经指导教师检查后，方可接通市电电源。

1. 测量单一元件的等效参数

① 分别将 10W 白炽灯（*R*）和 4.7μF 电容器（*C*）接入电路，用交流电压表监测将电源电压调到 220 V，读出电流表和功率表的读数，数据记入表 2-49 中。

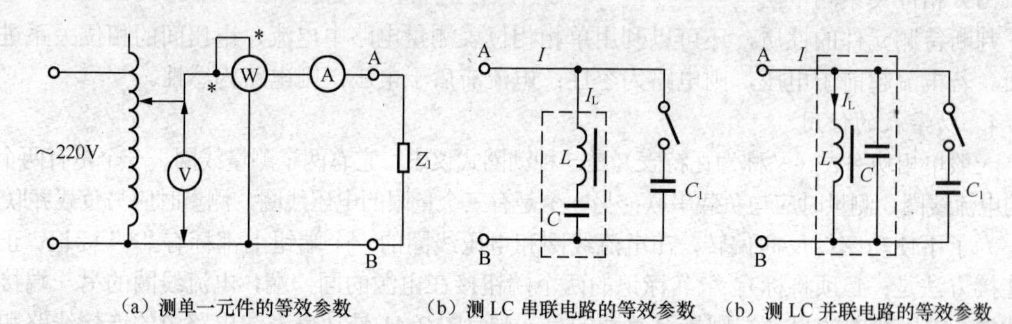

（a）测单一元件的等效参数　（b）测 LC 串联电路的等效参数　（b）测 LC 并联电路的等效参数

图 2-42　测量交流电路的等效参数

② 将调压器调回到零，断开电源。

③ 将 30 W 日光灯镇流器（*L*）接入电路，将电源电压从零调到电流表的示数为额定电流 0.4 A 时为止。

④ 读出电压表和功率表的示数，数据记入表 2-50 中。

表 2-50　**测量单一元件的等效参数**

被测阻抗	测量值				计算电路等效参数				
	U(V)	*I*(A)	*P*(W)	cos(*φ*)	*Z*(Ω)	sin*φ*	*R*(Ω)	*L*(mH)	*C*(μF)
10W 白炽灯								/	/
电容器 *C*						/		/	
电感线圈 *L*		0.4							/
LC 串联		0.4							
LC 并联									

2. 测量 *LC* 串联与并联后的等效参数

分别将元件 *L*、*C* 串联和并联后接入电路，在电感支路中串入电流表，调节输入电压时使 I_L=0.4A，并将电压表和功率表的读数记入表 2-50 中。

3. 测量电路的阻抗性质

在 *L*、*C* 串联和并联电路中，保持输入电压不变，并接不同数值的试验电容，测量电路中总电流的数值，根据电流的变化情况来判别 LC 串联和并联后阻抗的性质。数据记入表 2-51 中。

表 2-51 测量电路的阻抗性质

测量电路	并联电容 / 电路电流	0	1μF	2.2μF	3.2μF	4.7μF	5.7μF	6.9μF	电路性质
LC 串联	I（A）								
LC 并联	I'（A）								

五、实验注意事项

① 本实验直接用市电 220 V 交流电源供电，实验中要特别注意人身安全，必须严格遵守安全用电操作规程，不可用手直接触摸通电线路的裸露部分，以免触电。

② 自耦调压器在接通电源前，应将其手柄置在零位上，输出电压从零开始逐渐升高。每次改接实验线路或实验完毕，都必须先将其旋柄慢慢调回零位，再断电源。

③ 功率表要正确接入电路，并且要有电压表和电流表监测，使两表的读数不超过功率表电压和电流的量限。

④ 在测量有电感线圈 L 的支路中，要用电流表监测电感支路中的电流不得超过 0.4 A。

六、预习思考题

① 在 50Hz 的交流电路中，测得一只铁芯线圈的 P、I 和 U，如何算得它的阻值及电感量？

② 如何用串联电容的方法来判别阻抗的性质？试用 I 随 X_c'（串联容抗）的变化关系作性分析，证明串联试验时，C'满足

$$1/\omega C' < |2X|$$

七、实验报告

① 根据实验数据，完成各项数据表格的计算。

② 回答预习思考题中的问题。

③ 总结功率表与自耦调压器的使用方法。

④ 心得体会及其他。

实验十五　三相电路功率的测量

一、实验目的

① 掌握用一瓦特表法、二瓦特表法测量三相电路有功功率与无功功率的方法。

② 进一步熟练掌握瓦特表的接线和使用方法。

二、原理说明

1. 三相有功功率的测量

根据负载的连接方式的不同，三相电路有功功率可以采用一表法、两表法和三表法来测量。

（1）三瓦特表法

对于三相四线制供电的星接三相负载（即 Yo 接法），可用三只瓦特表分别测量各相负载的有功功率 P_A、P_B、P_C，三相功率之和（$\Sigma P=P_A+P_B+P_C$）即为三相负载的总有功功率值。实验线路如图 2-43 所示。若三相负载是对称的，则只需测量一相的功率即可，该相功率乘以 3 即得三相总的有功功率。

三只瓦特表的接法分别为（i_A、U_A）（i_B、U_B）和（i_C、U_C），其联接特点为：每一表的电流线圈串接在每一相负载中，其极性端（*I）接在靠近电源侧；而电压线圈的极性端（*U）各自接在电流线圈的极性端（*I）上，电压线圈的非极性端均接到中性线 NO 上。

根据上述特点，可以采用一只瓦特表和三个电流插孔来代替三块瓦特表使用。

（2）二瓦特表法

对于三相三线制（Y 接或△接）负载，不论其是否对称，都可按图 2-44 所示的电路采用两只瓦特表测量三相负载的总有功功率。

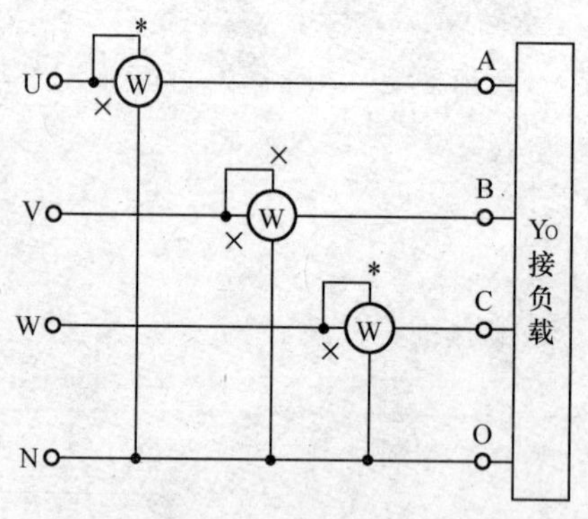

图 2-43　三表法测 Yo 接负载的有功功率

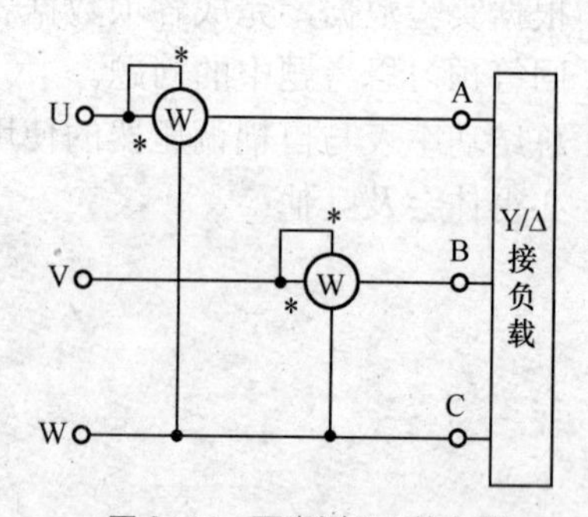

图 2-44　两表测 Y/△接负载

可以证明，三相电路总有功功率 P 是两只瓦特表读数 P_1 和 P_2 的代数和。图 2-44 中两表测量的是：A 相电流与 A、C 相的电压（I_A，U_{AC}）；B 相电流与 B、C 相的电压（I_B，U_{BC}）。

$$P_1=U_{AC}I_A\cos\varphi_1 \qquad P_2=U_{BC}I_B\cos\varphi_2$$

式中 φ_1、φ_2——相应的相电流对相应的线电压的相位差。

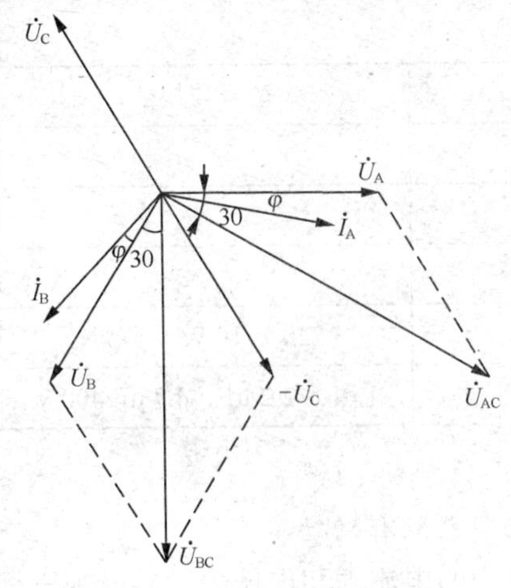

图 2-45　Y 接电压电流相量图

由图 2-45 所示相量图可知：

φ_1=30°−φ，φ_2=30°＋φ（φ 为相电流对相电压的相位差）

设负载是对称的,则　　$U_{AC}=U_{BC}=U_l$，　$I_A=I_B=I_l$

则两表之和　　　　　$P_1+P_2=\sqrt{3}\,U_lI_l\cos\varphi$ 即为三相负载的总有功功率。

（同学可以归纳出另外两种接法并画出线路图）

若负载为感性或容性，且当相位差 φ>60° 时，线路中的一只瓦特表指针将反偏（对于数字式功率表将出现负读数），这时应将瓦特表电流线圈的两个端子调换（不能调换电压线圈端子），而读数应记为负值。

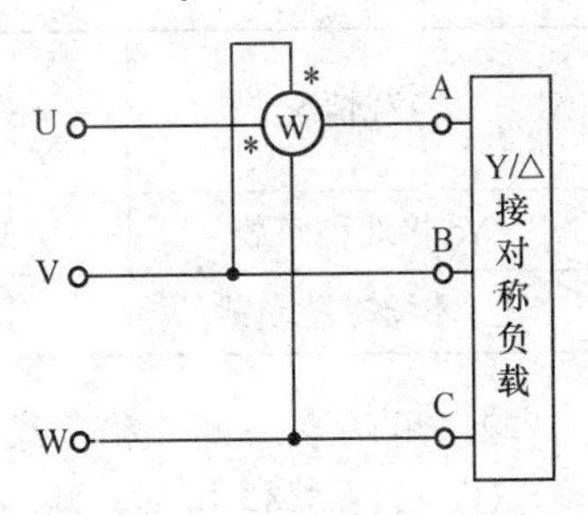

图 2-46　4—表示测三相无功功率

2．三相无功功率的测量

对于三相三线制对称负载，可用一只瓦特表测得三相负载的总无功功率 Q，测试原理线路如图 2-46 所示。

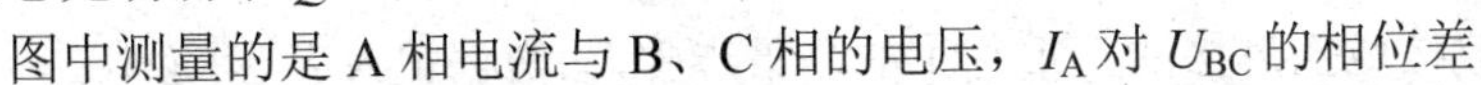
图中测量的是 A 相电流与 B、C 相的电压，I_A 对 U_{BC} 的相位差

$\theta=90°-\varphi$（容性负载为 $90°+\varphi$）

瓦特表的读数　　　$P'=U_{BC}I_A\cos(90°\pm\varphi)=\pm U_l I_l\sin\varphi$

由无功功率的定义　$Q=\sqrt{3}\,U_l I_l\sin\varphi$

可知　　　　　　　$Q=\sqrt{3}\,P'$

即对称三相负载总的无功功率为图示瓦特表读数的 $\sqrt{3}$ 倍。

除了图 2-46 给出的一种连接法（I_A、U_{BC}）外，还可以有另外两种连接法，即接成（I_B、U_{CA}）或（I_C、U_{AB}）。

三、实验设备（表 2-52）

表 2-52　　　　　　　　　　　　实验设备

序号	名称	型号与规格	数量	备注
1	交流电压表		2	RTT03-1
2	交流电流表		2	RTT03-1

续表

序号	名称	型号与规格	数量	备注
3	单相功率表		2	RTT04
4	万用表		1	自备
5	三相自耦调压器		1	控制屏
6	三相灯组负载	220 V/10 W 白炽灯	9	RTDG07
7	三相电容负载	1 μF、2.2 μF、4.7 μF/400 V	各 3	RTDG07

四、实验内容

1. 用一表法测 Yo 接三相负载的有功功率

按图 2-43 线路接线，线路中的电流表和电压表用以监视三相电流和电压，不要超过瓦特表电压线圈和电流线圈的量程。

经指导教师检查后，接通三相电源，调节调压器输出，使输出线电压为 220 V，按表 2-53 的要求进行测量及计算。

表 2-53　　测定三相四线 Yo 接负载的有功功率

负载情况	开灯盏数			测量数据			计算值
	A 相	B 相	C 相	P_A(W)	P_B(W)	P_C(W)	ΣP(W)
Yo 接对称负载	3	3	3				
Yo 不接对称负载	1	2	3				

2. 用两表法测三相负载的有功功率

① 按图 2-44 接线，将三相灯组负载接成 Y 形接法。

经指导教师检查后，接通三相电源，调节调压器的输出线电压为 220V，按表 2-53 的内容进行测量。

② 将三相灯组负载改按成△形接法，重复①的测量步骤， 数据记入表 2-54 中。

表 2-54　　两表法测三相负载的有功功率

负载情况	开灯盏数			测量数据			计算值
	A 相	B 相	C 相	P_A（W）	P_B（W）	P_C（W）	ΣP（W）
Y 接平衡负载	3	3	3				
Y 接不平衡负载	1	2	3				
△接不平衡负载	1	2	3				
△接平衡负载	3	3	3				

3. 用一瓦特表法测定三相对称负载的无功功率

按图 2-46 所示的电路接线，每相负载由白炽灯和电容器并联而成，并由开关控制其接入。检查接线无误后，接通三相电源，将调压器的输出线电压调到 220 V，读取三表的读数，并计算无功功率 ΣQ，记入表 2-55 中。

表 2-55　　无功功率的测量

负载情况			测量值			计算值
A 相	B 相	C 相	P_A(W)	P_B(W)	P_C(W)	$\Sigma Q=\sqrt{3}\,Q$
10W×3	10W×3	10W×3				
4.7μF	4.7μF	4.7μF				
$R//C$	$R//C$	$R//C$				

五、实验注意事项

① 每次实验完毕，均需将三相调压器旋柄调回零位。

② 每次改变接线，均需断开三相电源，以确保人身安全。

六、预习思考题

① 复习两瓦特表法测量三相电路有功功率的原理，画出瓦特表另外两种联接方法的电路图。

② 复习一瓦特表法测量三相对称负载无功功率的原理，画出瓦特表另外两种联接方法的电路图。

七、实验报告

① 完成数据表格中的各项测量和计算任务，比较一瓦特表和二瓦特表法的测量结果。

② 总结、分析三相电路有功功率和无功功率的测量原理及电路特点。

实验十六　单相电度表的校验

一、实验目的

① 掌握电度表的结构原理和接线方法。

② 学会电度表的校验方法。

二、原理简述

1. 电度表的结构原理

电度表是一种感应式仪表，主要用于测量交流电路中的电能。其主要组成部分有电压线圈、电流线圈、铝盘、制动磁铁和机械计数器。流过电压线圈和电流线圈的电流分别产生交变磁通在铝盘内感生出涡流，磁通与涡流相互作用形成转矩使铝盘转动。铝盘上方装有一个永久磁铁，可以对转动的铝盘产生制动力矩，使铝盘匀速转动，其转速与负载所消耗的电能成正比。由铝盘带动的机械计数器记下某一时间内的转数，并随着电能的增大而连续地进行"积算"，反应出电能积累的总数值。

电度表在某一时间内的铝盘转数 N 与负载所消耗的电能 W 成正比，即 $C=N/W$ 比例系数 C 称为电度表常数，常在电度表上标明，其单位是 r/kWh，它表明每消耗一千瓦小时的电能铝盘所应转过的圈数。

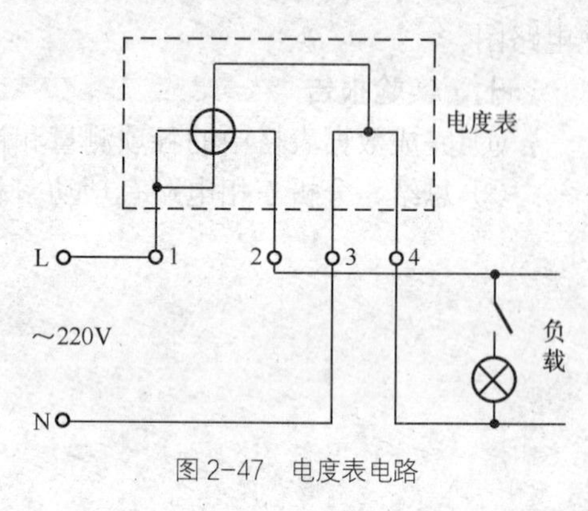

图 2-47　电度表电路

电度表的电路如图 2-47 所示，其接线与功率表相同，只是电流线圈与电压线圈的进线端已在内部相连，外部有四个接线端子，2 和 3 为电流线圈接线端，应与负载串联；1 与 4 为电压线圈接线端应与负载并联，端点 1 与 4 分别接电源的火线和地线。

2. 电度表的准确度

电度表的准确度 K 是指被校表电能测量值 W_x 与标准表指示的实际电能值 W_A 之间的相对误差百分数，即 $K=(W_X-W_A)/W_A\times100\%$

检验电度表的准确度可以采用瓦特表和记时秒表法，分别测量出负载的有功功率 P 和 t 时间内电度表铝盘转数 N，则

被测负载实际消耗的电能为　$W_A=P\cdot t$

被校验电度表的电能测量值为 $W_X=N/C$

若电度表的准确度为 2.0 级，则正常情况下使用时，其相对误差应不超过±2.0%。

3. 电度表的灵敏度

电度表铝盘刚开始转动的电流往往很小，通常只有 $0.5\%I_N$。电度表的灵敏度 S 是指在额定电压、额定频率及 $\cos\varphi=1$ 的条件下，使铝盘开始转动的最小电流值 I_{min} 与电度表额定电流值 I_N 之比的百分数。即

$$S=I_{min}/I_N\times100\%$$

4. 电度表的潜动

电度表的潜动是指负载等于零时，电度表仍出现缓慢转动的情况。按照规定，无负载电

流时，外加电压为电度表额定电压的110%（达242V）时，铝盘的转动不应超过一周，凡超过一周者，判为潜动不合格的电度表。

三、实验设备（见表2-56）

表2-56　　实验设备

序号	名称	型号与规格	数量	备注
1	自耦调压器	0～220V	1	控制屏
2	半日相电度表		1	RTDG07
3	单相瓦特表		1	RTT04
4	交流电压表		1	RTT03-1
5	交流电流表		1	RTT03-1
6	负载灯泡	10W/220V	9	RTDG07
7	可变电阻器	100Ω/2W	1	RTDG08
8	电阻器	6.2Ω/2W	1	RTDG08
9	记时秒表		1	自备

四、实验内容与步骤

抄录被校验电度表的铭牌数据，记入表2-57中。

表2-57　　电度表的铭牌数据

额定电流 I_N(A)	额定电压 U_N(V)	电度表常数 C(r/kWh)	准确度 S

1. 校验电度表的准确度

按图2-48连接线路，电压表和电流表作监测用。经指导教师检查后方可接通电源，将调压器的输出电压调到220V，按表2-57的要求接通灯组负载，观察电度表铝盘转动情况，用秒表测量铝盘转10圈或20圈所需的时间 t，所有数据记入表2-58中。

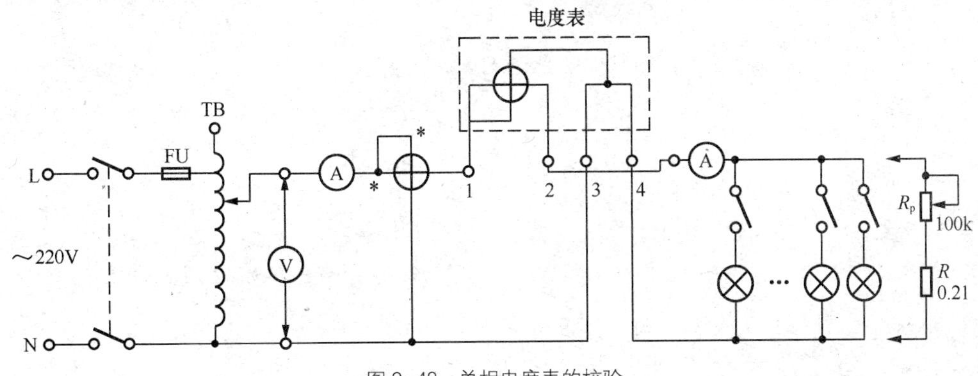

图2-48　单相电度表的校验

表2-58　　校验电度表的准确度

负载情况	数量值					计算值			
	U(V)	I(A)	P(W)	t(s)	N(r)	实测电能 W_x(kWh)	实际电能 W_A(kWh)	相对误差 ΔW(W)	电度表常数 C（r/kWh）
90×10W									
6×10W									

为了准确和熟悉起见，可重复多做几次。

2. 灵敏度的检查

断开电源，将图 2-48 中的灯组负载拆除，换接一个 100 kΩ 高阻值的可变电阻器与 6.2 kΩ 的保护电阻相串联，考虑到电度表电压线圈阻抗的影响，会使该支路有较大的分流，故应将电流表串接在负载支路中。调节 R_p 的阻值，记下使电度表铝盘刚开始转动的最小电流值，然后通过计算求出电度表的灵敏度（$S=I_{min}/I_N\times100\%$），并与标称值作比较。

3. 检查电度表的潜动

切断负载，即断开电度表的电流线圈回路，调节调压器的输出电压为额定值的 110%（即 242V），仔细观察电度表的铝盘有否转动，一般允许有缓慢地转动，但应在不超过一圈的任一点上停止，这样，电度表的潜动为合格，反之则不合格。

五、实验注意事项

① 作电度表灵敏度检查实验时，负载电阻的功率应选的大一些（$P=I^2R$）。

② 记录时，同组同学要密切配合，秒表定时与读取转数步调要一致，以确保测量的准确性。

六、预习思考题

① 查找有关资料，了解电度表的结构、原理及其检定方法。

② 电度表接线有哪些错误接法，它们会造成什么后果？

七、实验报告

① 根据测量数据对被校电度表的各项技术指标给出结论。

② 本次实验的收获与体会。

第3篇 电工安全

3.1 触电与安全用电

随着现代科学技术的飞速发展，种类繁多的家用电器和电气设备被广泛应用于人类的生产和生活当中。电给人类带来了极大的便利，但电是一种看不见、摸不着的物质，只能用仪表测量，因此，在使用电的过程中，存在着许多不安全用电的问题。如果使用不合理、安装不恰当、维修不及时或违反操作规程，都会带来不良甚至极为严重的后果。因此，了解安全用电十分重要。

3.1.1 触电定义及分类

当人体某一部位接触了低压带电体或接近、接触了高压带电体，人体便成为一个通电的导体，电流流过人体，称为触电。触电对人体是会产生伤害的，按伤害的程度可将触电分为电击和电伤两种。

电击是指人体接触带电后，电流使人体的内部器官受到伤害。触电时，肌肉发生收缩，如果触电者不能迅速摆脱带电体，电流持续通过人体，最后因神经系统受到损害，使心脏和呼吸器官停止工作而导致死亡。这是最危险的触电事故， 是造成触电死亡的主要原因，也是经常遇到的一种伤害。电伤是指电对人体外部造成的局部伤害，如电弧灼伤、电烙印、熔化的金属沫溅到皮肤造成的伤害，严重时也可导致死亡。

（1）触电电流

人触电时，人体的伤害程度与通过人体的电流大小、频率、时间长短、触电部位以及触电者的生理素质等情况有关。通常，低频电流对人体的伤害高于高频电流，而电流通过心脏和中枢神经系统最危险。具体电流的大小对人体的伤害程度可参见表3-1。

表3-1　　电流的大小对人体的影响

交流电流（mA）	对人体的影响
0.6～1.5	手指有些微麻刺的感觉
2～3	手指有强烈麻刺的感觉
3～7	手部肌肉痉挛
8～10	难以摆脱电源，手部有剧痛感

续表

交流电流（mA）	对人体的影响
30～25	手麻痹，不能摆脱电源，全身剧痛、呼吸困难
50～80	呼吸麻痹、心脑震颤
90～100	呼吸麻痹，如果持续 3s 以上，心脏就会停止跳动

（2）安全电压

人体电阻通常在 1～100 kΩ 之间，在潮湿及出汗的情况下会降至 800 Ω 左右。接触 36 V 以下电压时，通过人体电流一般不超超过 50 mA。因此，我国规定安全生产电压的等级为 36 V、24 V、12 V、6V。一般情况，安全电压规定为 36 V；在潮湿及地面能导电的厂房，安全电压规定为 24 V；在潮湿、多导电尘埃、金属容器内等工作环境时，安全电压规定为 12 V；而在环境十分恶劣的条件下，安全电压规定为 6 V。

3.1.2 常见的触电方式

常见的触电方式可分为单线触电、双线触电和跨步触电三种。

（1）单线触电

当人体的某一部位碰到相线（俗称火线）或绝缘性能不好的电气设备外壳，由相线经人体流入大地的触电，称为单线触电（或称单相触电）。如图 3-1、图 3-2 所示。因现在广泛采用三相四线制供电，且中性线（俗称零线）一般都接地，所以发生单线触电的机会也最多。此时人体承受的电压是相电压，在低压动力线路中为 220 V。

（2）双线触电

如图 3-3 所示，当人体的不同部位分别接触到同一电源的两根不同相位的相线，电流由一根相线流经人体流到另一根相线的触电，称为双线触电（或称双相触电）。人体承受的电压是线电压，在低压动力线路中为 380 V，此时通过人体的电流将更大，而且电流的大部分经过心脏，所以比单线触电更危。

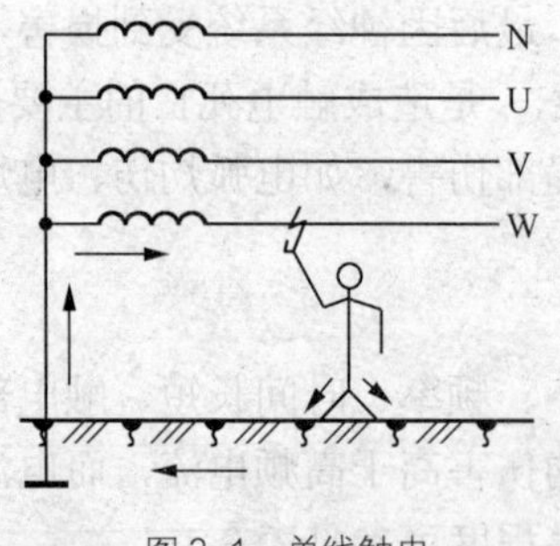

图 3-1 单线触电

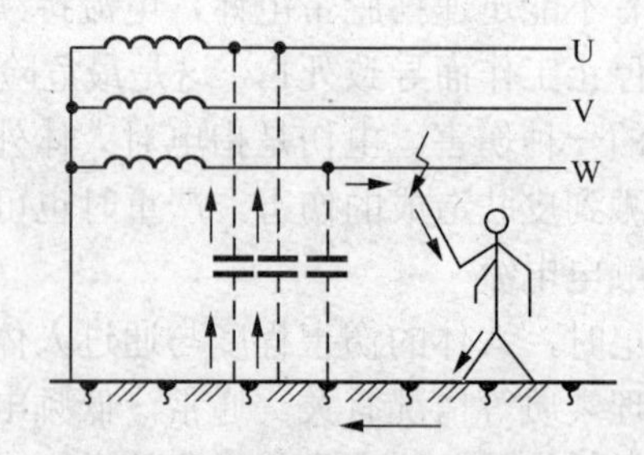

图 3-2 单线触电的另一种形式

（3）跨步触电

高压电线接触地面时，电流在接地点周围 1 520 m 的范围内将产生电压降。当人体接近此区域时，两脚之间承受一定的电压，此电压称为跨步电压。由跨步电压引起的簇点称为跨步电压触电，简称跨步触电，如图 3-4 所示。

跨步电压一般发生在高压设备附近，人体离接地体越近，跨步电压越大。因此在遇到高压设备时应慎重对待，避免受到电击。

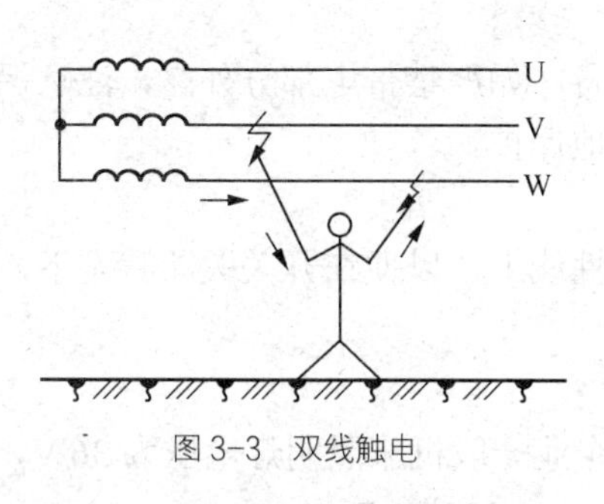

图 3-3 双线触电

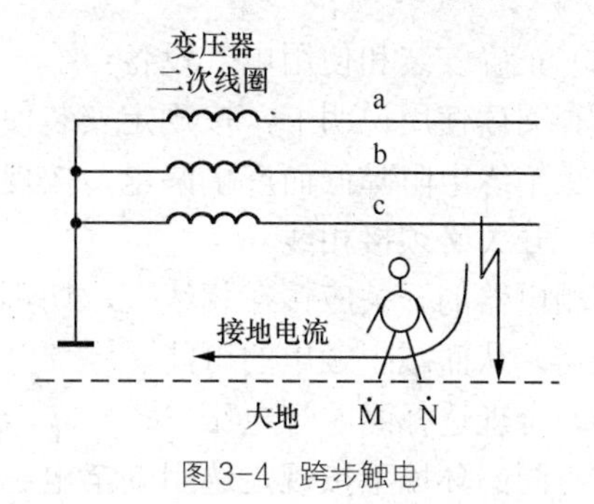

图 3-4 跨步触电

3.1.3 常见触电的原因

常见触电的原因有很多，主要如下。

① 违章作业，不遵守有关安全操作规程和电气设备安装及检修规程等规章制度。

② 误接触到裸露的带电导体。

③ 接触到因接地线断路而使金属外壳带电的电气设备。

④ 偶然性事故，则电线断落触及人体。

3.2 安全用电与触电急救

安全用电的有效措施是“安全用电、以防为主”。为使人身不受伤害，电气设备能正常运行，必须采取各种必要的安全措施，严格遵守电工基本操作规程，电气设备采用饱和接地或保护接零，防止因电气事故引起的灾害发生。

3.2.1 基本安全措施

（1）合理选用导线和熔丝

各种导线和熔丝的额定电流值可以从手册中查得。在选用导线时应使载流能力大于实际输电电流。熔丝额定电流应与最大实际输电电流相符，切不可用导线或铜丝代替。并按表 3-2 中规定，根据电路选择导线的颜色。

表 3-2 特定导线的标记和规定

电路及导线名称		标记		颜色
		电源导线	电器端子	
交流三相电路	1 相	L1	U	黄色
	2 相	L2	V	绿色
	3 相	L3	W	红色
中性线		N		淡蓝色
直流电路	正极	L+		棕色
	负极	L−		蓝色
	接地中间线	M		淡蓝色
接地线		E		黄和绿双色
保护接地线		PE		
保护接地和中性线共用一线		PEN		
整个装置及设备的内部布线一般推荐				黑色

（2）正确安装和使用电气设备

认真阅读使用说明书，按规定安装使用电气设备。如严禁带电部分外露，注意保护绝缘层，防止绝缘电阻降低而产生漏电，按规定进行接地保护。

（3）开关必须接相线

单相电器的开关应接在相线上，切不可接在中性线上，以便在开关关断状态下，维修和更换电器，从而减少触电的可能。

（4）合理选择照明灯电压

在不同的环境下按规定选用安全电压。在工矿企业一般机床照明灯电压为36 V，移动灯具等电源的电压为24 V，特殊环境下照明灯电压还有12 V或6 V。

（5）防止跨步触电

应远离落在地面上的高压线至少8～10 m，不得随意触摸高压电气设备。

另外，在选用用电设备时，必须先考虑带有隔离、绝缘、防护接地、安全电压或防护切断等防范措施的用电设备。

3.2.2 安全操作（安全作业）

（1）停电工作的安全常识

停电工作是指用电设备或线路在不带电情况下进行的电气操作。为保证停电后的安全操作，应按以下步骤操作。

① 检查是否断开所有的电源。在停电操作时，为保证安全切断电源，使电源至作业的设备或线路有两个以上的明显断开点。对于多回路的用电设备或线路，还要注意从低压侧向作业设备的倒送电。

② 进行操作前的验电。操作前，使用电压登记合适的验电器（笔），对被操作的电气设备或线路进出两侧分别验电。验电时，手不得触及验电器（笔）的金属带电部分，确认无电后，方可进行工作。

③ 悬挂警告牌。在断开的开关或刀闸操作手柄上应悬挂“禁止合闸、有人工作”的警告牌，必要时加锁固定。对多回路的线路，更要防止突然来电。

④ 挂接接地线。在检修交流线路中的设备或部分线路时，对于可能送电的地方都要安装携带型临时接地线。装接接地线时，必须做到“先接接地端，后接设备或线路导体端，接触必须良好”。拆卸接地线的程序与装接接地线的步骤相反，接地须采用多股软裸铜导线，其截面积不小于25 mm^2。

（2）带电工作的安全常识

如果因特殊情况必须在用电设备或线路上带电工作时，应按照带电操作的安全规定进行。

① 在用电设备或线路上带电工作时，应由有经验的电工专人监护。

② 电工工作时，应注意穿长袖工作服，佩戴安全帽、防护手套和相关的防护用品。

③ 使用绝缘安全用具操作。在移动带电设备的操作（接线）时，应先接负载，后接电源，拆线时则顺序相反。

④ 电工带电操作时间不宜过长，以免因疲劳过度，注意力分散而发生事故。

（3）设备运行管理常识

① 出现故障的用电设备和线路不能继续使用，必须及时进行检修。

② 用电设备不能受潮，要有防潮的措施，且通风条件良好。

③ 用电设备的金属外壳必须有可靠的保护接地装置。凡有可能遭雷击的用电设备，都要安装防雷装置。

④ 必须严格遵守电气设备操作规程。合上电源时，应先合电源侧开关，再合负载侧开关；断开电源时，应先断开负载侧开关，再断开电源侧开关。

3.2.3　接地与接零

触电的原因可能是人体直接接触带电体，也可能是人体触及漏电设备所造成的，大多数事故发生在后者。为确保人身安全，防止这类触电事故的发生，必须采取一定的防范措施。

接地的主要作用是保证人身和设备的安全。根据接地的目的和工作原理，可分为工作接地、保护接地、保护接零、重复接地。此外，还有电压接地、静电接地、隔离接地（屏蔽接地）和共同接地等。

（1）保护接地

这里的“地”是指电气上的“地”（电位近似为零）。在中性点不接地的低压（1 kV 以下）供电系统中，将电气设备的金属外壳或构架与接地体良好的连接，这种保护方式称为保护接地。通常接地体是钢管或角铁，接地电阻不允许超过 4 Ω。当人体触及漏电设备的外壳时，漏电流自外壳经接地电阻 R_{PE} 与人体电阻 R_p 的并联分流后流入大地，因 $R_p>>R_{PE}$，所以流经人体的电流非常小。接地电阻愈小，流经人体的电流越小，越安全。

（2）保护接零

在中性点已接地的三相四线制供电系统中，旧电气设备的金属外壳或构架与电网中性线（零线）相连接，这种保护方式称为保护接零。当电气设备电线相碰发生漏电时，该相就通过金属外壳与接零线形成单相短路，此短路电流足以使线路上的保护装置迅速动作，切断故障设备的电源，消除了人体触及外壳时的触电危险。

实施保护接零时，应注意以下几点。

① 中性点未接地的供电系统，绝不允许采用接零保护。因为此时接零不但不起任何保护作用，在电器发生漏电时，反而会使所有接在中性线上的电气设备的金属外壳带电，导致触电。

② 单相电器的接零线不允许加接开关、断路器等。否则，若中性线断开或熔断器的熔丝熔断，即使不漏电的设备，其外壳也将存在相电压，造成触电危险。确实需要在中性线上接熔断器或开关，则可用作工作零线，但绝不允许再用于保护接零，保护线必须在电网的零干线上直接引向电器的接零端。

③ 在同一供电系统中，不允许设备接地和接零并存。因为此时若接地设备产生漏电，而漏电流不足以切断电源，就会使电网中性线的电位升高，而接零电器的外壳与中性线等电位，人若触及接零电气设备的外壳，就会触电。

（3）低压电网接地系统符号的含义

第一个字母表示低压电源系统可接地点对地的关系。

T 表示直接接地；I 表示不接地（所有带电部分与大地绝缘）或经人工中性点接地。

第二个字母表示电气装置的外露可导电部分对地的关系。

T 表示直接接地，与低压供电系统的接地无关；N 表示与低压供电系统的接地点进行连接。

后面的字母表示中性线与保护线的组合情况。

S 表示分开的；C 表示公用的；C-S 表示部分是公共的。

① TN 系统。电源系统有一点直接接地，电气装置的外露可导电部分通过保护线（导体）接到此接地点上。

② TT 系统。电网接地点与电气装置的外露可导电部分分别直接接地。

③ IT 系统。电源系统可接地点不接地或通过电阻器（或电抗器）接地，电气装置的外露可导电部分单独直接接地。

3.2.4 触电急救

触电急救的基本原则是动作迅速、救护得法，切不要惊慌失措、束手无策。当发现有人触电时，必须使触电者迅速脱离电源，然后根据触电者的具体情况，进行相应的现场救护。

1. 脱离电源的方法

① 拉断电源开关或刀闸开关。

② 拔去电源插头或熔断器的插芯。

③ 用电工钳或有干燥木柄的斧子、铁锨等切断电源线。

④ 用干燥的木棒、竹竿、塑料杆、皮带等不导电的物品拉或挑开导线。

⑤ 救护者可戴绝缘手套或站在绝缘物上用手拉触电者脱离电源。

以上通常用于脱离额定电压 500 V 以下的低压电源，可根据具体情况选择。若发生高压触电，应立即告知有关部门停电。紧急时可抛掷裸金属软导线，造成线路短路，迫使保护装置动作以切断电源。

2. 触电救护

触电者脱离电源后，应立即进行现场紧急救护，触电者受伤不太严重时，应保持空气畅通，解开衣服以利呼吸，静卧休息，勿走动，同时请医生或送医院诊治。触电者失去知觉，呼吸和心跳不正常，甚至出现无呼吸、心脏停跳的假死现象时，应立即进行人工呼吸和胸外挤压。此工作应做到："医生来前不等待，送医途中不中断。"否则伤者可能会很快死亡。具体方法如下。

① 口对口人工呼吸法。适用于无呼吸、有心跳的触电者。病人仰卧在平地上，鼻孔朝天，头后仰。首先清理口鼻腔，然后松扣、解衣，捏鼻吹气。吹气要适量，排气应口鼻通畅。吹 2 s、停 3 s，每 5 s 一次。

② 胸外挤压法。适用于有呼吸、无心跳的触电者。病人仰卧在硬地上，然后松扣、解衣，手掌根用力下按，压力要轻重适当，慢慢下压，突然放开，1 s 一次。

对既无呼吸，又无心跳的触电者应两种方法并用。先吹气 2 次，再做胸外挤压 15 次，以后交替进行。

第4篇 常用电工材料

4.1 导电材料

4.1.1 电线与电缆

电线电缆一般由线芯、绝缘层、保护层三部分构成。电线电缆的品种很多，按照性能、结构、制造工艺及使用特点分为裸导线和裸导体制品、电磁线、电气装置备用电线电缆、电力电缆和通信电缆五类，常用的是前三类。

1. 裸导线和裸导体制品

主要有圆线、软接线、型线、裸绞线等，具体有包括以下类型，如表4-1所示。

表4-1 裸导线和裸导体制品类型

类别	类型
圆线	硬圆铜线（TY）
	软圆铜线（TR）
	硬圆铝线（LY）
	软圆铝线（LR）
软接线	裸铜电刷线（TS）
	软裸铜编织线（TRZ）
	软铜编织蓄电池线（QC）
型线	扁线（TBY、TBR、LBY、LBR）
	铜带（TDY、TDR）
	铜排（TPT）
	铜铝电车线（GLC）
	铝合金电车线（HLC）
裸绞线	铝绞线（LJ）
	铝包钢绞线（GLJ）
	铝合金绞线（HLJ）
	防腐钢芯铝绞线（LGJF）
	钢芯铝绞线（LGJ）

2. 电磁线

常用的电磁线有漆包线和绕包线两类。电磁线多用在电子或电工仪表等电器的绕组中，其特点是为了减小绕组的体积，因此绝缘层很薄。电磁线的选用一般应考虑耐热性、电性能、相容性、环境条件等因素。

① 漆包线。绝缘层为漆膜，用于中小型电机及微电机等，常用的有缩醛漆包线、聚酯漆包线、聚酯亚胺漆包线、聚酰胺漆包线和聚酰亚胺漆包线等。

② 绕包线。用玻璃丝、绝缘纸或合成树脂薄膜等作绝缘层，紧密绕包在导线上制成。也有在漆包线上再绕包绝缘层的。除薄膜绝缘层外，其他的绝缘需经胶粘绝缘浸渍处理，一般用于大中型电工产品。绕包线一般分为纸包线、薄膜绕包线、玻璃丝包线及玻璃丝漆包线。

3. 备用电线电缆

其基本结构是由铜或铝制线芯、塑料或橡胶绝缘层及保护层三部分组成。电气装备用电线电缆包括各种电气设备内部及外部的安装连接用电线电缆、低压配电系统使用的绝缘电线、信号控制系统用的电线电缆等。常用的电气装备用电线电缆，通常称为电力线。电力线的选择和使用是电工技术中的重要部分。

4.1.2 电热材料

电热材料用来制造各种电阻、加热设备中的发热元件。其材料要求电阻率高、加工性能好、机械强度高和良好的抗氧化性能，能长期在高温状态下工作。如镍铬合金、铁铬合金等。

1. 电碳制品

在电机中用的电刷是用石墨粉末或石墨粉末与金属粉末混合压制而成。按材质可分为石墨电刷（S）、电化石墨刷（D）、金属石墨电刷（J）。

选用电刷时主要考虑：接触电压降、摩擦系数、电流密度、圆周速度以及施加于电刷上的单位压力等条件。其他电碳制品还有碳滑板和滑块、碳和石墨触头、各种电板碳棒、通信用送话器碳砂等。

2. 电力线及其选用

（1）电力线的结构

① 线芯。有铜芯和铝芯两种。固定敷设的电力线一般采用铝线，移动使用的电力线主要采用铜芯线。线芯的根数分单芯和多芯，多芯的根数最多可达到几千根。

② 绝缘层。主要作用是电绝缘，还可起到机械保护作用。大多数采用橡胶和塑料材质，其耐热等级决定电力线的允许工作温度。

③ 保护层。主要起机械保护作用，它对电力线的使用寿命影响很大。大多数采用橡胶和塑料材质，也有使用玻璃丝编织成的。

（2）电力线的系列及应用范围

电力线可分为B、R、Y 三个系列。

① B（表示绝缘）系列橡皮塑料绝缘电线。该系列电线结构简单、质量轻、价格较低。它用于各种动力、配电和照明电路以及大中型电气设备的安装线。交流工作电压为 500 V，直流工作电压为 1 000 V，常用的 B 系列电力线如表 4-2 所示。

表 4-2 B 系列橡皮塑料绝缘电线常用品种

产品名称	型号		长期最高工作温度（℃）	用途及使用条件
	铜芯	铝芯		
橡皮绝缘电线	BX	BLX	65	IBV 固定铺设于室内，也可用于室外，或作设备内部安装用线
氯丁橡皮绝缘电线	BXF	BLXF	65	同 BX 型。耐气候性好，适用于室外
橡皮绝缘软电线	BXR		65	BX 型。仅用于安装时要求柔软的场合
橡皮绝缘和护套电线	BXHF	BLXHF	65	同 BX 型。适用于较潮湿的场合和作室外进户线
聚氯乙烯绝缘电线	BV	BLV	65	同 BX 型。但耐湿性和耐气性差
聚氯乙烯绝缘软电线	BVR		105	BV 型。仅用于安装时要柔软的场合
聚氯乙烯绝缘和护舔电线	BVV	BLVV	105	同 BV 型。用于潮湿和机械防护要求较高的场合，可直接埋在土壤中
耐热聚氯乙烯绝缘电线	BV-105			同 BV 型。用于 45℃及以上高温环境中
耐热聚氯乙烯绝缘软电线	BVR-105			同 BVRrR 型。用于 45℃及以上高温

表中 X 表示橡皮绝缘；XF 表示氯丁橡皮绝缘；HF 表示非燃性橡套；V 表示聚氯乙烯绝缘；VV 表示聚氯乙烯绝缘和护套；105 表示耐热 105℃。

② R（表示软线）系列橡皮塑料软电线。该系列软线的线芯是由多根细铜线绞合而成，它除具备 B 系列绝缘线的特点外，其线体比较柔软，有较好的移动使用性。该线大量用做日用电器、仪表仪器的电源线，小型电气设备和仪器仪表内安装线，以及照明线路的灯头、灯管线。其交流工作电压同样为 500 V，直流工作电压为 1 000 V，常用的 R 系列电力线如表 4-3 所示。

表 4-3 R 系列橡皮塑料软线常用品种

产品名称	型号	工作电压（V）	长期最高工作温度（℃）	用途及使用条件
聚氯乙烯绝缘软线	RV RVB RVS	交流 250 直流 500	65	供各种移动电器、仪表、电信设备、自化装置接线用，也可作内部安装，安装时环境温度不低于−15℃
耐热聚氯乙烯软线	RV-105	交流 250 直流 500	105	同 RV 型。用于 45℃及以上高温环境中
聚氯乙烯绝缘和护套软线	RVV	交流 250 直流 1 000	65	同 RV 型。用于潮湿和机械防护要求较高以及经常移动弯曲的场合
聚氯乙烯复合绝缘软	RFB RFS	交流 250 直流 500	65	同 RVB、RVS 型。低温柔软性较好
棉纱编织橡皮绝缘双绞软线 棉纱编织橡皮绝缘软线	RXS RX	交流 250 直流 500	65	室内日用电器，照明电源线中
棉纱编织橡皮绝缘平型软线	RXB	交流 250 直流 500	65	室内日用电器，照明电源线中

表中，B 表示两芯平型；S 表示两芯绞型；F 表示复合物绝缘。

③Y（表示移动电缆）系列橡套电缆。它是以硫化橡胶作绝缘层，以非燃氯丁橡胶作护套，具有抗砸、抗拉和能承受较大机械应力的作用，同时具有很好的移动使用性。在一般场合下，适用于作各种电气设备、电动工具仪器和照明电器等移动式电源线。长期最高工作温度为65℃。常用的 Y 系列电力线如表 4-4 所示。

表 4-4　　常用的 Y 系列电力线

产品名称	型号	交流工作电压（V）	特点何用途
轻型橡皮电缆	YQ	250	轻型移动电气设备和日用电器电源线
	YQW		同上。具有耐气候和一定的耐油性能
中型橡套电缆	YZ	500	各种移动电气设备和农用机械电源线
	YZW		同上。具有耐气候和一定的耐油性
重型橡套电缆	YC	500	同 YZ 型。能承受较大的机械外力作用
	YCW		同上。具有耐气候和一定的耐油性能

表中，Q 表示轻型；W 表示户外型；Z 表示中型；C 表示重型。

除此之外，现在常用的电力线还有 AWG 系列等。

3. 电力线的选用

首先明确电力线的应用范围，然后通过负载的大小，得出负载电流值，根据应用范围选出电力线的系列，最后由电力线的安全载流量表，获得电力线的规格。

4.2 绝缘材料

物体本身的材料不同，其阻碍电流的能力也不同，电阻率大于 $10^9\,\Omega\cdot\text{cm}$ 的物质所构成的材料称为绝缘材料（又称电解质），电导率极低。如石棉、云母、玻璃、橡胶、变压器油、干木材和塑料等。

4.2.1 常用的绝缘材料

在电气线路或设备中常用的绝缘材料有绝缘漆、绝缘胶、绝缘 缘胶、绝缘油和绝缘制品。

1. 绝缘漆

绝缘漆有浸渍漆、漆包、漆包线漆、覆盖漆、硅钢片漆、防电晕漆等。

2. 绝缘胶

常用的绝缘胶有黄电缆胶、黑电缆胶、环氧电缆胶、环氧树脂胶、环氧聚酯胶等。广泛用于浇注电缆接头、套管、220 kV 以下电流互感器、10 kV 以下电压互感器等。

3. 绝缘油

绝缘油有天然矿物油、天然植物油和合成油。天然矿物油有变压器油、开关、电容器油、电缆油等。天然植物油有蓖麻油、大豆油等。合成油有氧化联苯、甲基硅油、苯甲基硅油等。主要用于电力变压器、高压电缆、油浸纸介电容器中。

4. 绝缘制品

绝缘制品有绝缘纤维制品、浸渍纤维制品、电工层压制品、绝缘薄膜及其制品等。

4.2.2　绝缘材料的主要性能指标

要合理利用绝缘材料，必须了解其性能特点。常用的固体绝缘材料的主要性能指标有击穿强度、耐热性、绝缘电阻、机械强度等。

1. 击穿强度

当绝缘材料中的电场强度高于某一数值时，绝缘材料会被损坏失去绝缘性能，这种现象称为击穿。此电场强度为击穿强度，单位为 kV/mm。

2. 耐热性

影响绝缘材料老化的因素很多，主要是热的因素。绝缘材料按使用过程中许的最高温度分为 7 个耐热等级，应注意区别使用。

3. 绝缘电阻

绝缘材料的微小漏电流由两部分组成，一部分流经绝缘材料内部，另一部分沿绝缘材料表面流动，因此绝缘材料的表面电阻率和体积电阻率是不同的。对各种不同的绝缘材料通常用表面电阻率和体积电阻率加以比较。

4. 机械强度

各种绝缘材料相应有抗张、抗压、抗剪、抗冲击等各种强度指标，在一些特殊场合中应查阅其性能指标方可使用。使用绝缘材料时还要考虑其耐油性、渗透性、伸长率、收缩率、耐溶剂性、耐电弧性等。

参 考 文 献

[1] 秦曾煌．电工学［M］．北京：高等教育出版社，2004．
[2] 付家才．电工实验与实践［M］．北京：高等教育出版社，2004．
[3] 王林．电工技术实验教程［M］．大连：大连理工大学出版社，2005．
[4] 唐介．电工学（少学时）［M］．北京：高等教育出版社，2005．
[5] 姚海彬．电工技术［M］．北京：高等教育出版社，1999．
[6] 王卫．电工学［M］．北京：机械工业出版社，2003．

学号：__________

实 验 报 告

课程名称：__________ 学年、学期：__________

实验学时：__________ 实验项目数：__________

实验人姓名：__________ 专业班级：__________

实验项目：

实验日期：_______年___月___日　　　　第________教学周

主要实验设备

编号	名称	规格、型号	数量	设备状态	备注

一、实验目的

二、实验原理、电路图

三、实验内容及步骤

四、实验数据及观察到的现象

五、实验结论及体会

六、回答本次实验思考题

本次实验成绩	
教师签字（盖章）：	批改日期：

实验项目：					
实验日期：_______年___月___日			第________教学周		
主要实验设备					
编号	名称	规格、型号	数量	设备状态	备注

一、实验目的

二、实验原理、电路图

三、实验内容及步骤

四、实验数据及观察到的现象

五、实验结论及体会

六、回答本次实验思考题

本次实验成绩	
教师签字（盖章）：	批改日期：

<table>
<tr><td colspan="6">实验项目：</td></tr>
<tr><td colspan="3">实验日期：_______年___月___日</td><td colspan="3">第________教学周</td></tr>
<tr><td colspan="6">主要实验设备</td></tr>
<tr><td>编号</td><td>名称</td><td>规格、型号</td><td>数量</td><td>设备状态</td><td>备注</td></tr>
<tr><td></td><td></td><td></td><td></td><td></td><td></td></tr>
<tr><td></td><td></td><td></td><td></td><td></td><td></td></tr>
<tr><td></td><td></td><td></td><td></td><td></td><td></td></tr>
<tr><td></td><td></td><td></td><td></td><td></td><td></td></tr>
</table>

一、实验目的

二、实验原理、电路图

三、实验内容及步骤

四、实验数据及观察到的现象

五、实验结论及体会

六、回答本次实验思考题

本次实验成绩	
教师签字（盖章）：	批改日期：

<table>
<tr><td colspan="6">实验项目：</td></tr>
<tr><td colspan="3">实验日期：_______年___月___日</td><td colspan="3">第________教学周</td></tr>
<tr><td colspan="6">主要实验设备</td></tr>
<tr><td>编号</td><td>名称</td><td>规格、型号</td><td>数量</td><td>设备状态</td><td>备注</td></tr>
<tr><td></td><td></td><td></td><td></td><td></td><td></td></tr>
<tr><td></td><td></td><td></td><td></td><td></td><td></td></tr>
<tr><td></td><td></td><td></td><td></td><td></td><td></td></tr>
<tr><td></td><td></td><td></td><td></td><td></td><td></td></tr>
</table>

一、实验目的

二、实验原理、电路图

三、实验内容及步骤

四、实验数据及观察到的现象

五、实验结论及体会

六、回答本次实验思考题

本次实验成绩	
教师签字（盖章）：	批改日期：

实验项目：

实验日期：_______年___月___日　　第________教学周

主要实验设备

编号	名称	规格、型号	数量	设备状态	备注

一、实验目的

二、实验原理、电路图

三、实验内容及步骤

四、实验数据及观察到的现象

五、实验结论及体会

六、回答本次实验思考题

本次实验成绩

教师签字（盖章）：	批改日期：

实验项目：

实验日期：_______年___月___日　　　　第_______教学周

主要实验设备

编号	名称	规格、型号	数量	设备状态	备注

一、实验目的

二、实验原理、电路图

三、实验内容及步骤

四、实验数据及观察到的现象

五、实验结论及体会

六、回答本次实验思考题

本次实验成绩

教师签字（盖章）：	批改日期：

实验项目：

实验日期：______年___月___日　　　　第_______教学周

主要实验设备

编号	名称	规格、型号	数量	设备状态	备注

一、实验目的

二、实验原理、电路图

三、实验内容及步骤

四、实验数据及观察到的现象

五、实验结论及体会 六、回答本次实验思考题 	
本次实验成绩	
教师签字（盖章）：	批改日期：

实验项目：					
实验日期：______年___月___日			第______教学周		
主要实验设备					
编号	名称	规格、型号	数量	设备状态	备注

一、实验目的

二、实验原理、电路图

三、实验内容及步骤

四、实验数据及观察到的现象

五、实验结论及体会

六、回答本次实验思考题

本次实验成绩	
教师签字（盖章）：	批改日期：

<table>
<tr><td colspan="6">实验项目：</td></tr>
<tr><td colspan="3">实验日期：_______年___月___日</td><td colspan="3">第________教学周</td></tr>
<tr><td colspan="6">主要实验设备</td></tr>
<tr><td>编号</td><td>名称</td><td>规格、型号</td><td>数量</td><td>设备状态</td><td>备注</td></tr>
<tr><td></td><td></td><td></td><td></td><td></td><td></td></tr>
<tr><td></td><td></td><td></td><td></td><td></td><td></td></tr>
<tr><td></td><td></td><td></td><td></td><td></td><td></td></tr>
<tr><td></td><td></td><td></td><td></td><td></td><td></td></tr>
</table>

一、实验目的

二、实验原理、电路图

三、实验内容及步骤

四、实验数据及观察到的现象

五、实验结论及体会 六、回答本次实验思考题 	
本次实验成绩	
教师签字（盖章）：	批改日期：

实验项目：

实验日期：______年___月___日　　第________教学周

主要实验设备

编号	名称	规格、型号	数量	设备状态	备注

一、实验目的

二、实验原理、电路图

三、实验内容及步骤

四、实验数据及观察到的现象

五、实验结论及体会

六、回答本次实验思考题

本次实验成绩	
教师签字（盖章）：	批改日期：

实验项目：

实验日期：_______年___月___日　　第________教学周

主要实验设备

编号	名称	规格、型号	数量	设备状态	备注

一、实验目的

二、实验原理、电路图

三、实验内容及步骤

四、实验数据及观察到的现象

五、实验结论及体会

六、回答本次实验思考题

本次实验成绩	
教师签字（盖章）：	批改日期：

实验项目：

实验日期：_______年___月___日　　第________教学周

主要实验设备

编号	名称	规格、型号	数量	设备状态	备注

一、实验目的

二、实验原理、电路图

三、实验内容及步骤

四、实验数据及观察到的现象

五、实验结论及体会

六、回答本次实验思考题

本次实验成绩	
教师签字（盖章）：	批改日期：

<table>
<tr><td colspan="6">实验项目：</td></tr>
<tr><td colspan="3">实验日期：_______年___月___日</td><td colspan="3">第________教学周</td></tr>
<tr><td colspan="6">主要实验设备</td></tr>
<tr><td>编号</td><td>名称</td><td>规格、型号</td><td>数量</td><td>设备状态</td><td>备注</td></tr>
<tr><td></td><td></td><td></td><td></td><td></td><td></td></tr>
<tr><td></td><td></td><td></td><td></td><td></td><td></td></tr>
<tr><td></td><td></td><td></td><td></td><td></td><td></td></tr>
<tr><td></td><td></td><td></td><td></td><td></td><td></td></tr>
</table>

一、实验目的

二、实验原理、电路图

三、实验内容及步骤

四、实验数据及观察到的现象

五、实验结论及体会

六、回答本次实验思考题

本次实验成绩

教师签字（盖章）：	批改日期：

实验项目：

实验日期：_______年___月___日　　第________教学周

主要实验设备

编号	名称	规格、型号	数量	设备状态	备注

一、实验目的

二、实验原理、电路图

三、实验内容及步骤

四、实验数据及观察到的现象

五、实验结论及体会

六、回答本次实验思考题

本次实验成绩	
教师签字（盖章）：	批改日期：

实验项目：

实验日期：______年___月___日　　第________教学周

主要实验设备

编号	名称	规格、型号	数量	设备状态	备注

一、实验目的

二、实验原理、电路图

三、实验内容及步骤

四、实验数据及观察到的现象

五、实验结论及体会

六、回答本次实验思考题

本次实验成绩	
教师签字（盖章）：	批改日期：

实验项目：

实验日期：_______年___月___日 | 第________教学周

主要实验设备

编号	名称	规格、型号	数量	设备状态	备注

一、实验目的

二、实验原理、电路图

三、实验内容及步骤

四、实验数据及观察到的现象

五、实验结论及体会

六、回答本次实验思考题

本次实验成绩	
教师签字（盖章）:	批改日期:

实验项目：

实验日期：_______年___月___日　　第________教学周

主要实验设备

编号	名称	规格、型号	数量	设备状态	备注

一、实验目的

二、实验原理、电路图

三、实验内容及步骤

四、实验数据及观察到的现象

五、实验结论及体会

六、回答本次实验思考题

本次实验成绩	
教师签字（盖章）:	批改日期: